DU TRANSPORT

DES

MINERAIS DE BENI-AQUIL

(ALGÉRIE)

PAR

H. FRONTAULT

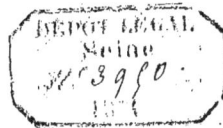

Ingénieur, ancien élève des Ponts-et-Chaussées.

PARIS

IMPRIMERIE CENTRALE DES CHEMINS DF FER

A. CHAIX ET Cie

RUE BERGÈRE, 20, PRÈS DU BOULEVARD MONTMARTRE

1874

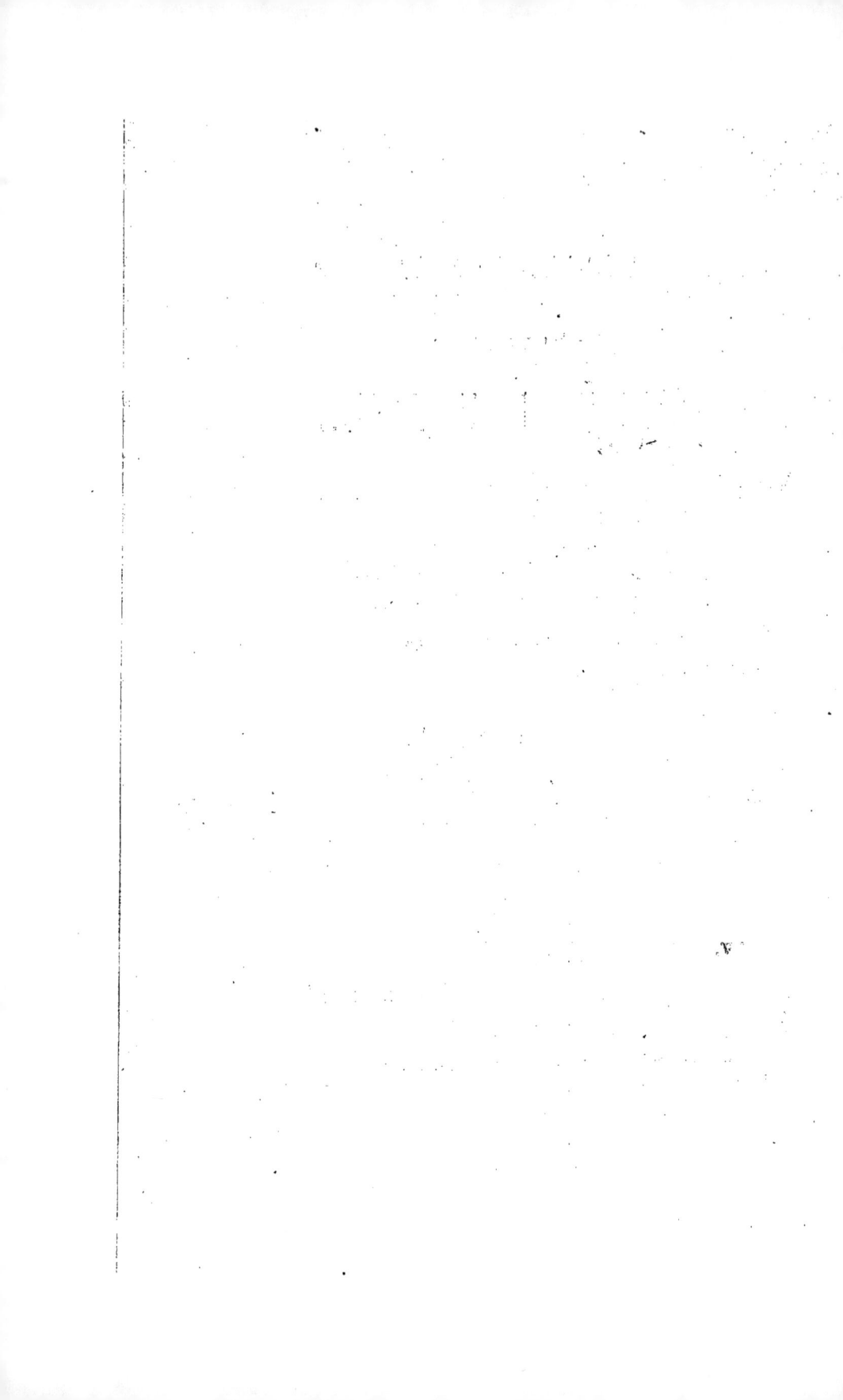

SOMMAIRE

V. — Des moyens de transport à adopter pour amener le minerai à l'Oued Dhamous.

VI. — Étude de l'établissement d'un chemin de fer, depuis le confluent de l'Oued Targilet jusqu'à l'embouchure de l'Oued Dhamous.

VII. — De l'embarquement du minerai.

DÉSIGNATION DES PLANCHES

I. — Plan d'ensemble, indiquant la situation topographique de la concession.

II. — Plan détaillé de la concession et des moyens de communication avec elle.

III. — Croquis représentant la voie aérienne, à câbles fixes, de Brunot.

IV. — Plan de la plage de l'Oued Dhamous, avec indication des profondeurs de la mer devant une partie de la plage.

V. — Plan de la côte de la Méditerranée, à droite de l'Oued Dhamous.

DU TRANSPORT

DES

MINERAIS DE BENI-AQUIL

(ALGÉRIE)

I. — Situation de la concession.

Position géographique. — Étendue. — Orographie. —
Description de la vallée de l'Oued Dhamous, où se trouve la
concession. — Régime des eaux.

La concession des mines de fer, cuivre et autres métaux
de *Beni-Aquil* est située à l'extrémité Ouest de la province d'Alger, dans le cercle de Ténez, sur le territoire de
la tribu des *Beni-Haoua*, dont les *Beni-Aquil*, qui lui ont
donné son nom parce que les premiers gisements exploités
étaient sur leurs terrains, sont une fraction impor-
tante. Elle est placée sur le versant Nord de ce long
bourrelet montagneux qui, s'étendant des frontières du
Maroc à celles de Tunis, forme, sur le bord de la Méditerranée, la limite septentrionale de l'Algérie, et se
trouve entre le massif du *Dahra* et celui du *Zaccar*, sur
la rive gauche de l'*Oued Dhamous* ; elle affecte, dans son
ensemble, la figure d'un triangle rectangle dont l'hypoténuse, longue de 12 kilomètres, dirigée du N. E. au S. E., ne
serait autre que le lit de la rivière elle-même, et dont les
petits côtés auraient 7, 5 et 10 kilomètres.

Sa superficie totale est de 4,476 hectares 96 ares 62
centiares. C'est une des concessions les plus étendues qui

aient jamais été données. Elle est, pour ainsi dire, tout entière dans la vallée de l'Oued Dhamous, mais divers cours d'eau, dont les plus considérables sont ceux de l'*Oued Kseub*, de l'*Oued Targilet*, de l'*Oued Esera*, de l'*Oued Bouchaban*, y forment plusieurs bassins secondaires. Dans ses parties les plus basses, sur le bord de l'Oued Dhamous, le sol est à 25 mètres au-dessus du niveau de la mer; dans ses parties les plus hautes, il s'élève à la cote de 600 mètres, et plus encore.

En ligne droite, le centre du territoire concédé est à peu près à 8 kilomètres de la côte, à 28 kilomètres de *Ténez*, à 51 kilomètres de *Cherchell*, à 28 kilomètres de la station des *Attafs*, sur le chemin de fer d'Alger à Oran, entre Miliana et Orléansville.

Pour faciliter l'intelligence de notre travail, nous avons dressé, d'après la carte d'état-major, un plan d'ensemble, à $\frac{1}{400000}$, que l'on trouvera Planche I. Nous avons dressé également un plan, à l'échelle de $\frac{1}{40000}$, avec des documents qui nous ont été confiés au Ministère de la guerre, au dépôt des cartes de la marine, dans le service des mines, et avec ceux que nous avons recueillis nous-même sur place : on le trouvera Planche II (1).

La vallée de l'Oued Dhamous, fort resserrée vers l'embouchure de la rivière, entre les petites vallées de l'Oued Arbil et de l'Oued Messa, ou Oued Sebt, s'élargit vers sa source, qui se trouve dans la tribu des Beni Rached, au-delà de la belle forêt des Tacheta, à 40 kilomètres environ, en ligne droite, de la Méditerranée.

---

(1) Nous avions préparé ce plan, en même temps que plusieurs parties de ce mémoire, à la suite d'une première mission aux mines de Beni-Aquil, en 1872 : depuis, nous l'avons complété à l'aide d'observations nouvelles, que nous avons pu faire cette année, et de nouveaux renseignements, qu'on a bien voulu nous confier de divers côtés.

On peut estimer approximativement la superficie totale du bassin, à 500 kilomètres carrés.

Depuis son embouchure jusqu'un peu au-delà de la concession, le lit de la rivière présente une pente relativement douce, à peu près constante, de 5 millimètres par mètre ; il est formé de sable, de gravier, de cailloux roulés ; sa largeur, qui est de 100 mètres dans la région avoisinant l'Oued Targilet, augmente peu à peu et arrive à 500 mètres. Près de l'embouchure, il se resserre brusquement et n'a d'autre issue, vers la mer, qu'une déchirure faite au milieu du dernier des contre-forts du bourrelet montagneux dont nous parlions plus haut, qui semble s'être ouvert violemment pour lui livrer un passage large de 250 mètres. On n'y rencontre pas de sinuosités bien sensibles, sauf sur deux points.

Les rives présentent un aspect variable ; tantôt c'est un terrain presque horizontal et cultivé, planté de figuiers, etc., tantôt ce sont des coteaux plus ou moins arides, tantôt enfin les parois presque à pic d'une montagne.

Ces rives sont plusieurs fois déchirées par des ravins, ou par des ruisseaux à fortes pentes formant des bassins secondaires, d'importance variable, dont nous avons déjà signalé quelques-uns, au milieu de la concession.

Le régime des eaux a été peu étudié, jusqu'à présent, dans la vallée de l'Oued Dhamous. La plupart du temps, la rivière n'est pas autre chose qu'une mince lame d'eau, épaisse de quelques centimètres, large de quelques mètres, se creusant une sorte de chenal au milieu du sable et du gravier, et se jetant dans la mer, en filtrant à travers une barre, qui, comme dans le plus grand nombre des rivières d'Afrique se trouve à l'embouchure, et est recouverte seulement au moment des crues. Dans la partie dont nous nous occupons, l'examen des rives n'indique pas que, dans les plus fortes

crues, le niveau de l'eau ait jamais atteint seulement
1 mètre au-dessus du lit ; et lorsque nous avons campé, à
l'embouchure de la rivière, au moment des pluies torrentielles du mois d'octobre dernier (1873), nous n'avons pas
constaté une élévation de niveau de plus de 70 centimètres.
Si l'on admet qu'il ait plu à l'Oued Dhamous comme à
Alger, on peut dire que, depuis 20 ans, il s'est trouvé
six mois seulement, dans lesquels il soit tombé une quantité
d'eau plus considérable, et la différence n'est pas très-
grande. En effet, tandis que :

Dans le mois d'octobre 1873, il est tombé $232^{mm},6$

Dans le mois de décembre 1853, il est tombé $238^{mm},8$
—   de novembre 1847,   — $249^{mm},9$
—   de décembre 1856,   — $260^{mm},3$
—   de février 1853,   — $272^{mm},2$
—   de février 1845,   — $289^{mm},9$
—   de janvier 1848,   — $296^{mm},7$

Nous ajouterons que, dans le mois où nous avons fait
nos observations, nous avons vu plusieurs fois la pluie
tomber d'une façon torrentielle, durant 12 heures de
suite, et former, à certains moments, de véritables trombes.

Nous croyons donc que l'on peut considérer le niveau
de 1 mètre au-dessus du lit comme supérieur, dans les
années ordinaires, à celui des hautes eaux de l'Oued
Dhamous. Nous n'avons pu recueillir aucune indication
de nature à nous faire croire que ce niveau ait jamais
été dépassé. Nous ne pouvons nous empêcher, cependant,
de faire remarquer que l'Algérie est exposée à des averses
rappelant celles des tropiques, par l'abondance des eaux
qu'elles versent, à certains moments, sur un point donné.
A Alger, pendant les journées des 24 et 30 novembre 1851,

il est tombé 220 millimètres d'eau, et, le 9 novembre 1862, il en est tombé 76 millimètres *en 30 minutes*. Dans la province d'Oran, on a vu le Sig, dont le débit maximum avait été longtemps de 40 mètres cubes, et que l'on avait cru ne pas devoir dépasser 100 mètres, s'élever un jour à 450 mètres cubes, et emporter un barrage qui semblait pour toujours à l'abri de la violence des eaux.

Nous n'avons pas à faire ici la description des gisements métallifères si importants de Beni-Aquil, et que l'on peut, croyons-nous, diviser en deux grandes catégories : celle des *filons cuprifères* et celle des *filons ferrifères*. Nous ne parlerons pas, non plus, des travaux considérables exécutés naguère au milieu des filons cuprifères, où il a été percé, sur vingt-deux points différents, 1,120 mètres de galeries en direction, et 960 mètres de galeries à travers bancs.

Enfin, nous ne nous occuperons pas de la façon dont il conviendrait le mieux, en ce moment, de diriger l'exploitation.

On trouvera ailleurs, sur ces diverses questions, tous les renseignements que l'on peut désirer.

Nous avons été prié, cette année, de nous rendre à Beni-Aquil, dans le but spécial de rechercher les moyens les meilleurs pour amener le minerai — le minerai de fer particulièrement — du carreau de la mine à l'usine : c'est cette question seulement que nous allons examiner, en admettant qu'il s'agisse d'une exploitation annuelle de 100,000 tonnes environ.

II. — Des communications avec Ténez, Cherchell et le chemin de fer d'Alger à Oran.

Chemins conduisant à Ténez, à Cherchell et aux Attafs. — État actuel de ces chemins. — Impossibilité absolue de les rendre praticables pour les minerais de fer.

Les distances que nous avons données plus haut, de la concession à Ténez, à Cherchell et au chemin de fer d'Alger à Oran, pourraient donner l'idée de chercher un débouché dans l'une ou l'autre de ces directions : quoique médiocres, en effet, les ports de Cherchell et de Ténez seraient fort précieux si l'on pouvait les atteindre aisément, d'autant plus qu'il y a lieu d'attendre prochainement une amélioration sensible de l'abri qu'ils offrent aujourd'hui aux navires, surtout à Ténez ; mais l'état actuel des communications ne permet pas seulement de songer à transporter à ce port aucun des minerais de Beni-Aquil. Il n'existe, en effet, entre la mine et Ténez, que des chemins muletiers, sentiers tortueux et escarpés, traversant successivement, en forme de lacets, les petits bassins de l'O. Sebt (ou O. Messa), l'O. S.-Hamet-Ben-Yousef (ou O. Montaroch), l'O. Bou-Goussem, l'O. Bou-Echahal — et autres moins importants — véritables ravins dont l'ensemble forme le versant opposé au versant de la rive gauche de l'Oued Dhamous — et atteignant. enfin, près de Ténez, la vallée de l'Oued Allelah (ou O. Rehan), où est bâtie la ville.

Nous ne croyons pas que la distance de Beni-Aquil à Ténez, par ces sentiers, puisse être évaluée à moins de 40 ou 45 kilomètres ; nous n'avons jamais mis moins de 10 ou 11 heures à les parcourir, avec un mulet au pas, et, un jour, une affaire urgente nous ayant forcé de

recourir à un autre mode de transport, que l'on ne
pourrait employer fréquemment, nous avons mis 6 heures
à nous rendre à Ténez, avec un excellent cheval, habitué
à ces chemins, sans nous arrêter un instant, et en ne
marchant presque jamais au pas.

Il serait extrêmement difficile d'établir en ces régions une
voie tant soit peu carrossable, et, quoiqu'elles se trouvent
exactement dans la direction de Ténez à Cherchell, l'administration des ponts et chaussées, dans un projet de
route entre ces deux villes, préparé tout récemment, a
complétement renoncé à les traverser ; la route en question qui, en venant de Cherchell, aboutit à l'embouchure
de l'Oued Dhamous, remonte la vallée jusqu'aux sources de
la rivière, et entre directement, par un col situé aux environs du Kef-el-Zerag, dans la vallée de l'Oued Allelah, qui
prend sa source à peu de distance de l'Oued Dhamous. Cette
route serait très-précieuse pour les mines de Beni-Aquil,
dont elle suivrait la concession sur une longueur de
12 kilomètres, dans la partie la plus riche, et on ne saurait
trop en réclamer la prompte exécution ; mais, serait-elle
faite aujourd'hui, qu'elle ne pourrait servir à conduire avan-
tageusement les minerais à Ténez, — les minerais de fer
du moins. Elle présenterait, en effet, pour ceux-ci, un
parcours qui, sans doute, ne serait pas inférieur à 50 ou
60 kilomètres, et, en comptant les frais de transport en
charrette à 30 centimes seulement, par tonne et par kilomètre, on arriverait, au minimum, à 15 ou 18 francs,
par tonne, pour le parcours de Beni-Aquil à Ténez, —
chiffres, bien entendu, inadmissibles pour du minerai de fer.

Ce que nous venons de dire pour Ténez, nous le dirons
également pour Cherchell. De la concession à l'embouchure de l'Oued Dhamous, il n'existe que des sentiers

semblables à ceux de Ténez, et l'on ne peut les parcourir en moins de trois heures, à dos de mulet marchant au pas, ce qui correspond à 12 ou 15 kilomètres.

A l'embouchure de l'Oued Dhamous, où doit passer la route projetée de Ténez à Cherchell, on trouve déjà aujourd'hui une sorte de chemin étroit, suivant le littoral, à rampes très-fortes, peu ou point empierré, sauf sur les derniers kilomètres du côté de Cherchell, traversant à gué tous les cours d'eau, dont quelques-uns, notamment l'Oued Sept et l'Oued Messelmoun, arrêtent quelquefois la circulation au moment des crues; sa longueur est de 47 kilomètres; en réalité, quoiqu'une voiture solide ait pu suivre cette voie d'un bout à l'autre, ce n'est guère encore qu'une bonne route muletière, et il n'y a pas à songer à s'en servir pour conduire les minerais de fer à Cherchell. Si la route projetée s'exécutait, elle suivrait à peu près le tracé de ce chemin, en tournant plusieurs mamelons, ce qui porterait sa longueur à 55 kilomètres environ; en ajoutant les 15 kilomètres, au moins, que la nouvelle voie aurait encore à franchir, le long de l'Oued Dhamous, avant d'arriver vers le centre de la concession, on voit que les minerais auraient à parcourir une distance de 70 kilomètres, ce qui, à 30 centimes par tonne et par kilomètre, amènerait une dépense de 21 francs pour les frais de transport.

Il n'y a pas davantage à songer à l'emploi du chemin de fer d'Alger à Oran. Pour gagner, en effet, la station des Attafs, la plus rapprochée de Beni-Aquil, il faut remonter entièrement la vallée de l'Oued Dhamous, jusqu'à la ligne de faîte de ce puissant bourrelet montagneux dont nous avons parlé, et qui la sépare de la vallée du Chélif.

Le chemin, — un sentier comme ceux qui mènent à

Ténez, — traverse l'Oued Dhamous à 7 kilomètres du centre
de la concession, et ce n'est qu'après une ascension de
plus de deux heures à dos de mulet, *à partir du lit de la
rivière*, que nous sommes arrivé à un col situé à la cote
900 ou 1,000 environ, au milieu de la forêt des Tacheta.
Cette voie muletière doit avoir, en tout, une longueur de
15 kilomètres à peu près. Auprès du col, se trouve le centre
d'exploitation de la forêt, d'essence de chêne, qui appartient
à l'État, et qui est en commmunication avec les Attafs au
moyen d'un chemin carrossable en assez bon état, long de
28 kilomètres. C'est donc encore, en tout, 43 kilomètres, qui
séparent la mine du chemin de fer. En supposant que l'on
transforme ces 15 kilomètres de chemins muletiers, en une
voie carrossable, dont le développement serait de 17 kilomètres, au moins, on aurait à franchir 45 kilomètres avant
de gagner la voie ferrée, et si l'on voulait y conduire le
minerai, celui-ci arriverait grevé de 13 fr. 50 c. de frais
de transport, en comptant toujours ces frais à 30 centimes
par tonne et par kilomètre. Or, il y a 175 kilomètres des
Attafs à Alger, et, en admettant que le trajet puisse s'effectuer au prix exceptionnellement réduit de 0 fr. 033 par
tonne et par kilomètre, on aurait encore à ajouter, au
chiffre précédent, 5 fr. 80 c., ce qui ferait, en tout,
19 fr. 30 c. pour les frais du transport du minerai à Alger.

Ainsi, en supposant la construction des diverses routes
dont nous venons de parler, et en admettant des tarifs
aussi réduits que possible, le minerai de Beni-Aquil ne
pourrait arriver :

Au port de Ténez, à moins de. . . . . . Fr. 15 »
Au port d'Alger, à moins de 19 30
Au port de Cherchell, à moins de . . . . . . 21 »

Ces chiffres étant tous absolument inacceptables pour du minerai de fer, nous allons chercher un débouché au moyen du transport à la côte voisine.

III. — Des communications avec la mer, à la baie des Beni-Haoua.

Système adopté naguère pour le transport des minerais de cuivre à cette baie. — Raisons qui l'avaient fait adopter. — Difficultés extrêmes de mettre la concession en communication avec cette baie à l'aide d'une voie convenable. — Médiocrité des résultats que donnerait, pour les minerais de fer, une voie carrossable, même en excellent état d'entretien.

Les filons cuprifères, exploités naguère, sont à la partie septentrionale de la concession, vers la région supérieure du bassin secondaire de l'Oued Targilet, et les galeries avaient été ouvertes à peu près à 400 ou 450 mètres au-dessus du niveau de la mer ; on était, en ligne droite, à 5 ou 6 kilomètres de la Méditerranée, et après avoir franchi, à quelques centaines de mètres des travaux, à une hauteur moyenne de 520 mètres, la ligne de faîte qui sépare la vallée de l'Oued Dhamous de la petite vallée de l'Oued Sebt, on descendait rapidement, en suivant celle-ci, à la baie des *Beni-Haoua ;* puis, comme il n'existait ni jetée, ni digue d'aucune sorte, on faisait l'embarquement au large, à l'aide de balancelles ou de chalands, ainsi que cela a lieu encore aujourd'hui, pour des minerais de fer, sur d'autres points de la côte d'Afrique et sur les côtes d'Espagne. Il n'existait d'ailleurs, entre les galeries et la

mer, que des sentiers comme ceux dont nous avons parlé
déjà plusieurs fois, et le transport se faisait à dos d'âne
ou de mulet. Nous ne savons pas au juste quelles étaient
les conditions économiques de cette façon d'opérer :
elle pouvait avoir sa raison d'être pour de riches minerais de cuivre, placés près de la ligne de faîte, ou
pour les fontes de cuivre que l'on avait commencé à fabri-
quer dans le voisinage des galeries ; mais tout le monde
comprend qu'il ne saurait être question de rien de semblable pour des minerais de fer, en quelque point de la
concession qu'ils se trouvent, et quelque riches qu'ils soient.

A plus forte raison devra-t-on chercher un autre mode
de transport, en présence de la situation particulière des
principaux gisements ferrifères. Ces gisements, en effet,
sont dans la partie Sud de la concession, à une distance
de 3 ou 4 kilomètres de la ligne de faîte dont nous parlions tout à l'heure, et à un niveau inférieur de 250 mètres environ ; tandis que cette ligne reste constamment
au-dessus de la cote 500, les gisements en question se
rencontrent entre la cote 100 et la cote 300.

On pourrait avoir, peut-être, l'idée de supprimer seulement le transport à dos de mulet, et de conserver la baie
des Beni-Haoua pour l'embarquement, en la réunissant
aux mines à l'aide d'une voie carrossable. A la rigueur,
un pareil chemin pourrait être construit, mais avec des
dépenses considérables ; il faudrait, en effet, se tenir constamment sur le flanc de coteaux escarpés, souvent presque
abrupts, dont les parois, formées la plupart du temps de
schistes en décomposition, offrent très-peu de consistance,
et présentent en outre de nombreuses et profondes déchi-
rures. On serait amené à donner à ce chemin un développement qui, vraisemblablement, n'irait pas à moins de 12
kilomètres, pour éviter de trop fortes rampes, et nous

2

croyons que le prix de revient s'élèverait, au minimum, à
20,000 francs par kilomètre, soit à 240,000 francs en tout;
en outre, la position de cette voie l'exposerait forcément,
par suite de l'action des eaux et de la nature du terrain,
à des détériorations fréquentes, à des éboulis que l'on
ne pourrait prévenir qu'avec un entretien de tous les
instants, fort dispendieux, et, malgré tout le soin possible,
il serait bien difficile, croyons-nous, de le tenir dans
un état qui permît d'y faire des transports à raison de
0 fr. 30 c. par tonne et par kilomètre. En supposant
pourtant qu'on ne dépassât pas ce chiffre, le minerai arriverait encore à la baie des Beni-Haoua grevé, pour frais
de camionnage seulement, d'une somme de 3 fr. 60 c.,
à laquelle il faudrait ajouter au moins 2 francs pour frais
d'entretien, annuité d'amortissement, frais généraux.

La qualité des minerais leur permettrait, sans doute, de
supporter de pareilles charges, mais ce serait aux dépens
d'une diminution considérable des bénéfices, et nous pensons qu'il faut repousser cette solution pour l'exploitation
nouvelle qu'il s'agit d'entreprendre. Nous allons voir, en
effet, qu'il est possible de conduire les minerais à la mer
à des conditions bien plus avantageuses.

IV. — Des communications avec la mer, par la vallée de l'Oued Dhamous.

*Situation des principaux gisements de minerai de fer par
rapport à l'Oued Dhamous. — Le Gîte des Romains. —
Facilité de conduire le minerai à la mer, à l'aide d'un chemin de fer établi dans la vallée.*

Les principaux gisements ferrifères dont nous nous
occupons se composent :

1° D'un groupe de filons parallèles, dirigés sensiblement de l'Est à l'Ouest, et formant une bande qui n'a pas moins de 600 mètres de large sur 4,000 mètres de long. On rencontre les premiers affleurements à l'Ouest, aux environs du marabout de Sidi-Moussa, sur la rive gauche de l'Oued Targilet, et les derniers, au-delà d'un marabout de Sidi-Loukan Bou Alem, près de l'Oued Dhamous ; c'est donc un gisement à cheval sur les deux bassins de l'Oued Targilet et de l'Oued Esera. Dans le plan que nous joignons à ce mémoire nous le désignons par la lettre R (planche II) ;

2° D'un groupe de filons appartenant au système des filons N.S. de la concession, et qui, rencontrant, sur la rive gauche de l'Oued Targilet, près du marabout de Sidi-Moussa, le groupe précédent, a formé avec lui le gîte très-important connu sous le nom de *Gîte des Romains :* un ingénieur des mines, des plus compétents, M. Lucien Renard, dans la notice si intéressante qu'il a écrite sur la concession de Beni-Aquil, étudie ce point d'une manière particulière ; d'après l'étendue des parties reconnues, il prévoit qu'il sera possible d'en extraire environ 1,500,000 tonnes de minerai, pour une exploitation qui se prolongerait jusqu'au niveau de l'Oued Targilet. Nous désignons les filons de ce second groupe par la lettre P ;

3° D'une bande située dans le bassin de l'Oued Esera, près de la ligne de faîte qui le sépare de celui de l'Oued Targilet. Cette bande, qui appartient au système de filons N. S., a à peu près 35 mètres de large sur 1,100 mètres de long, et elle vient, selon toute apparence, couper les filons P aux environs d'un petit village kabyle, où se trouve la maison d'un cheikh. Nous la désignons par la lettre Q.

Ces divers gisements sont, comme on le voit sur le plan, à peu de distance de l'Oued Dhamous ; les points les plus rapprochés ne s'en éloignent que de quelques centaines de mètres, les points les plus éloignés, de 2 ou 3 kilomètres au maximum ; les premiers se trouvent à quelques mètres seulement au-dessus du niveau de la rivière, les autres à 150 ou 200 mètres. Dès lors, en se rappelant ce que nous avons dit jusqu'à présent, on est amené à penser que la véritable solution de la question va se trouver dans la construction d'un chemin de fer, que l'on placerait sur le bord de l'Oued Dhamous, et qui, partant aux environs du confluent de l'Oued Targilet, irait jusqu'à la mer, en recevant, de distance en distance, sur son parcours, les minerais provenant de tous les points attaqués (1).

C'est cette dernière solution que nous allons étudier maintenant.

Voyons d'abord comment les minerais pourraient être conduits à l'Oued Dhamous.

---

(1) Nous n'allons parler, dans tout ce qui suit, que des minerais de fer, mais il est bien évident que la voie nouvelle pourrait servir à l'exploitation des minerais de cuivre, et même faciliter beaucoup sa reprise.

V. — Des moyens de transport à adopter pour amener les minerais à l'Oued Dhamous.

La voie aérienne, à câbles fixes, de Brunot. — Résultats
pratiques obtenus avec elle. — Prix de revient de son
établissement pour une exploitation de 108,000 tonnes par
an. — Prix de revient du transport sur cette voie, frais de
toute nature compris, notamment l'amortissement en quinze
ans du capital de premier établissement. — Autres procédés
de transport.

Les moyens de transport à adopter, entre les divers
points d'attaque et la voie ferrée, dont nous venons de
parler, seront sans doute variables : chacun devra faire
sur place l'objet d'une étude spéciale. Nous nous occuperons seulement ici du *Gîte des Romains*, et, dans ce gîte,
nous aurons spécialement en vue *la Caverne*.

Le Caverne des Romains s'ouvre à 50 mètres de l'Oued
Targilet, à 48^m,50 au-dessus du lit, dont elle est sé-
parée, en conséquence, par une pente de 0^m,42, à peu près.

Le lit de l'Oued Targilet est, lui-même, en face de la
caverne, à 102^m,80 au-dessus du lit de l'Oued Dhamous,
au confluent de la rivière ; ces deux points sont distants, en ligne droite, de 1,900 mètres (1) environ, ce

(1) Cette distance, ainsi que les diverses distances comptées entre le confluent de l'Oued Targilet et la mer, est prise sur les cartes du ministère de
la guerre.

qui donne, pour remonter la vallée de l'Oued Targilet, depuis l'Oued Dhamous jusqu'en face du Gîte des Romains, une pente moyenne de $0^m,054$; mais il s'en faut que le sol offre une régularité se rapprochant plus ou moins de cette moyenne; il présente, au contraire, un aspect des plus tourmentés : tantôt l'inclinaison du terrain est assez douce, tantôt elle se rapproche de la verticale; les parois des deux rives sont coupées fréquemment par des ravins; le lit de la rivière est tortueux, étroit et en escalier.

A la rigueur, pourtant, il serait possible d'établir une route carrossable pour le transport des minerais à l'Oued Dhamous, et même de prolonger jusqu'au bas de la Caverne des Romains, au niveau du lit de l'Oued Targilet, le chemin de fer construit dans la vallée de l'Oued Dhamous; peut-être aussi la meilleure solution serait-elle un système de plans inclinés automoteurs, comme on en étudie en ce moment à Soumah, ou une combinaison de voies de mine prolongées et de descenderies. L'étude détaillée dont nous parlions plus haut, et qui devra être faite sur le terrain, au moment de la mise en train de l'exploitation, permettra de déclarer, d'une façon positive, quel est le meilleur système à employer; mais nous allons, dès aujourd'hui, indiquer un mode de transport propre à servir de base pour le calcul du prix de revient du minerai rendu au chemin de fer; nous voulons parler du transport à l'aide de la voie aérienne, à câbles fixes, de *Brunot*, employé depuis plus de quinze ans à Argenteuil, dans les principales carrières à plâtre, — à Auxerre pour les ocres, — à Senonches pour les pierres à chaux, etc., etc.

La *voie Brunot* (1) se compose essentiellement de deux câbles parallèles en fil de fer, fortement tendus, sur lesquels une corde d'appel permet de faire mouvoir, *simultanément*, dans des sens opposés, *deux petits chariots*, l'un plein, l'autre vide.

Le croquis de la planche III en fera aisément comprendre le mécanisme.

Il s'agit de transporter des terres de *D* en *R*. En ces points, on établit deux bâtis solides, en charpente, *a* et *b*, auxquels on attache les câbles en fil de fer *e e*, *f f*; on donne à ceux-ci une forte tension, et on assure la permanence de cette tension au moyen de vérins, placés en *c* et *d*, qu'on peut faire agir à volonté, dans un sens ou dans l'autre. Sur chaque câble se meuvent de petits chariots en fer, *g*, *h*, auxquels sont suspendus de petites bennes, *k*, *k'*. Au-dessous des câbles fixes se trouve une corde d'appel, *n*, *n*, *n*, s'enroulant en *o*, sur une grande poulie fixe, et en *p*, sur une roue à manivelle de même diamètre. Le chariot *g* est fixé à la corde d'appel au moyen d'une petite corde *l*, et le chariot *h* au moyen d'une corde semblable *m*.

On comprend qu'il suffit de faire tourner la roue à manivelle pour faire mouvoir, en même temps, l'un des chariots dans un sens, et l'autre dans un sens opposé; par conséquent, on obtient avec la plus grande facilité un mouvement de va-et-vient, *intermittent*, mais aussi rapide que l'on veut, qui conduit à destination la benne pleine et ramène la benne vide; la benne vide vient se mettre en charge à l'instant précis où la benne pleine arrive à la décharge; la décharge se fait très-vite, par un mouvement de bascule, mais, comme la capacité des bennes est seulement de $\frac{1}{10}$ de mètre cube, le chargement ne se fait pas moins vite,

_____

(1) Nous employons cette dénomination pour plus de simplicité. M. Brunot n'est en possession d'aucun brevet relatif à la voie dont il s'agit.

et les transports se font ainsi avec une très-grande rapidité. Suivant les cas, on charge la benne vide elle-même, ou on lui substitue une benne pleine préparée à l'avance. Dans la planche III, c'est ce dernier mode d'opérer qui est représenté.

Avec un câble *horizontal* de 400 mètres de long et un seul homme au treuil, on peut transporter, par heure, à cette distance de 400 mètres, 6 mètres cubes de terres, ou environ 9 tonnes, soit 90 tonnes par journée de 10 heures.

Si le mouvement des bennes pleines se fait suivant une pente, la vitesse, bien entendu, pourra devenir plus considérable.

M. Brunot croit que l'on peut donner aux câbles une longueur allant jusqu'à 500 mètres; toutefois, nous ne connaissons pas de cas où l'on ait atteint ce chiffre, tandis que nous avons vu des câbles de 400 mètres fonctionner avec grand succès, et peut-être est-il prudent de ne pas s'éloigner beaucoup de ce dernier chiffre.

D'ailleurs, cela est évident, la distance que l'on peut franchir n'est aucunement limitée à la portée d'un câble ; on peut établir, à la suite les uns des autres, plusieurs systèmes de câbles analogues à celui que nous venons de décrire, et combiner les mouvements des chariots de façon que, en même temps qu'une benne pleine k' arrivera pleine en b, la benne vide k de la travée précédente y arrive aussi. Cette régularité s'obtiendra de la façon la plus simple : il suffira de donner exactement la même longueur aux diverses cordes d'appel, et de leur imprimer à toutes un même mouvement; pour cela, on n'emploiera qu'une seule roue motrice, chaque corde d'appel communiquant le mouvement à la corde voisine, au moyen d'un tambour sur lequel elles s'enrouleront toutes les deux et qui remplacera, pour les travées intermédiaires, la poulie ou la roue à manivelle du câble unique. La benne vide et la benne pleine arrivant ainsi rigoureusement ensemble aux points de relais, on pourra ou faire basculer la benne pleine dans la benne vide, ou les changer de câble par un simple changement d'attache; en tout cas, il ne faudra pas plus de temps pour un relais que pour la décharge ordinaire, et la vitesse dont nous avons parlé plus haut sera conservée.

Si les câbles étaient horizontaux, et surtout s'il fallait faire monter les bennes pleines, on serait bientôt forcé d'employer une force assez considérable à la roue motrice, mais il n'en sera pas ainsi si les bennes pleines ont à descendre une pente tant soit peu sensible : elles fourniront elles-mêmes alors la force motrice, comme les wagons pleins dans les plans automoteurs, par leur propre poids.

Voyons maintenant quelles seraient les conditions économiques de l'établissement d'un pareil système entre le Gîte des Romains et le chemin de fer.

Pour des raisons que nous exposerons plus loin, nous proposons d'établir le chemin de fer sur la rive droite de l'Oued Dhamous, en un point situé en face le confluent de l'Oued Targilet, à peu près à 2,000 mètres, en ligne droite, de la Caverne des Romains. Pour franchir cette distance, il nous faudra 5 relais de 400 mètres.

Les dépenses de premier établissement pourront s'évaluer comme il suit.

Chaque relais renfermant 2 câbles de 400 mètres, soit de 405 mètres à cause des attaches, nous aurons, par relais, 810 mètres de câble, ou 4,050 mètres pour les 5 relais ; en outre, à chaque extrémité de la voie, il sera bon de compter 20 mètres de câble pour la consolidation des bâtis d'attache, soit en tout 4,090 mètres. Le câble à

employer sera le câble classé, dans le commerce, sous le n° 22 ; il sera formé de 7 fils clairs, son diamètre sera de 0^m,017, son prix de 1 fr. 60 c. le mètre courant. Nous aurons donc, pour 4,090 mètres de câble à 1 fr. 60,
Fr. 6,544 »

Dans chaque section, il faudra une corde d'appel dont la longueur sera de 810 mètres environ ; en la comptant à 2 francs le kilòg., elle reviendra à peu près à 0 fr. 28 c. le mètre courant, soit, pour 810 mètres, 226 fr. 80 c., ce qui fait, pour 5 travées, une dépense de. . Fr. 1,134 »

Dans chaque section également, il faudra deux chariots en fer, à 50 francs l'un, soit, pour les cinq sections, 10 chariots coûtant . . . . Fr. 500 »

Les bennes en tôle, portant 1/10 de mètre cube de terre, ou environ 150 kilogr., pèsent 32 kil.; elles coûtent chacune 35 francs; il en faudra deux par relais, ou 10 pour les 5 relais ; ce sera une dépense de . . . Fr. 350 »

A chaque extrémité des câbles il faudra, pour leurs attaches, 2 bâtis en charpente, à 90 francs l'un, soit pour les deux. . . . . Fr. 180 »

Plus deux vis vérins, pour donner aux câbles la tension nécessaire, à 80 francs l'une,. . . . . Fr. 160 »

Il sera bon aussi, pour faciliter l'opération de la tension, d'avoir, à chaque extrémité, des *bracelets*, permettant d'agir sur un point quelconque du câble, à 30 fr. l'un, soit pour les deux. Fr. 60 »

Une roue motrice, avec son bâti, coûtera 150 francs; pour plus de sûreté, nous en placerons une à chaque extrémité de la voie aérienne, au lieu de mettre d'un côté une simple poulie ou un volant, soit encore une dépense de. Fr. 300 »

A chaque point de relais, il faudra un tambour, avec son bâti, coûtant 100 fr., soit pour les quatre points Fr. 400 »

Enfin, en ces mêmes points intermédiaires, il faudra un support en charpente pour les câbles ; chaque support coûtera 80 fr., soit, pour quatre points .... Fr. 320 »

Si maintenant nous faisons la récapitulation de ces diverses sommes, nous avons :

4,090 mètres de câble, à 1 fr. 60 c. le mètre . . . Fr.	6.544	»
4,050 mètres de corde d'appel, à 0 fr. 28 c. le mètre. .	1.134	»
10 chariots, à 50 fr.	500	»
10 bennes, à 35 fr.	350	»
2 bâtis d'attache, pour le câble, à 90 fr. l'un	180	»
2 vis vérins, à 80 fr.	160	»
2 bracelets, à 30 fr.	60	»
2 roues motrices, à 150 fr.	300	»
4 tambours de transmission, à 100 fr.	400	»
4 supports, à 80 fr.	320	»
Total. . . . . . . Fr.	9.948	»

En ajoutant, comme mesure de sûreté :

2 chariots de rechange, à 50 francs. . . . . Fr.	100	»
2 bennes id. à 35 fr.	70	»
1 roue motrice id. à 150 fr	150	»
1 tambour id. à 100 fr.	100	»
405 mètres de câble de rechange, à 1 fr. 60 c.	648	»
810 mètres de corde d'appel de rechange, à 0 fr. 28 c. .	226	80

Enfin, si l'on compte, comme somme à valoir, pour intérêt, avant la mise en exploitation, des diverses sommes dépensées (1), et pour frais imprévus. 1.257 20

On a finalement, pour une voie simple de 2 kilomètres . . . . Fr. 12.500 »

Nous avons vu que la *puissance de transport* d'une semblable voie, *son débit*, si l'on peut employer cette expres-

(1) Il est possible que l'on n'ait pas à payer cet intérêt, car la voie aérienne pourra être établie en moins de trois mois.

sion, est de 9 tonnes par heure, soit de 90 tonnes par journée de 10 heures, lorsque les câbles sont *horizontaux :* entre le Gîte des Romains et le chemin de fer, les câbles auront une inclinaison de 0^m,050 à peu près, et, par conséquent, la *puissance de transport* sera plus considérable ; mais en établissant les calculs sur les chiffres ci-dessus, on voit que l'on pourra, par année de 300 jours, transporter 27,000 tonnes.

Si l'on porte l'exploitation du Gîte des Romains à 100,000 tonnes par an, il suffira d'avoir 4 voies semblables, et comme ce gîte ne consiste point en un amas formé sur un point plus ou moins géométrique, mais bien en une sorte de *renflement* des filons, qui n'a pas moins de 6 ou 700 mètres de long, il pourra y avoir un très-grand avantage à établir les câbles de locomotion, en des points du gîte assez distants les uns des autres. Le point que nous avons choisi, *la Caverne,* est dans la partie du gîte qui s'éloigne le plus de l'Oued Dhamous ; les autres câbles coûteront donc vraisemblablement moins cher : toutefois, en supposant une complète similitude, on voit que la dépense de premier établissement, pour un transport de 100,000 tonnes, ou plutôt de 108,000 tonnes, s'élèvera à 50,000 fr. seulement.

Ainsi le PRIX TOTAL de la voie aérienne, matériel de tout genre compris, s'élèvera à **50,000** francs pour les 2 kilomètres, soit **25,000** francs par kilomètre.

Quel sera le prix du transport sur une pareille voie ?

Les petites bennes, que nous représentons dans notre dessin, et qui sont employées à Argenteuil, ont la forme d'une nacelle aplatie ; leur déversement s'opère avec la plus grande facilité. Si on les adopte, il faudra, selon nous, les charger à la mine elle-même ; elles seront ensuite amenées sous les câbles au moyen de petits trucs, où l'on pourra les disposer 3 par 3, puis successivement enlevées et remplacées, au fur et à mesure, par des bennes vides.

Si nous envisageons une seule voie, nous voyons que, pour effectuer le transport des 27,000 tonnes, déchargement compris, il faudra 7 hommes : 2 hommes à la roue motrice qui, à cause de la pente, n'aura guère d'efforts à exercer qu'au moment du départ ; 4 hommes aux 4 points de relais pour transvaser les bennes ou les changer de câble ; enfin, 1 homme à la décharge. Ces ouvriers devront être choisis parmi les meilleurs et, au lieu de 1 fr. 50 c. ou 2 francs que l'on donnera aux manœuvres ordinaires du pays (1), nous comptons qu'il leur sera alloué le prix des bons terrassiers, c'est-à-dire 2 fr. 50 c. par jour (2) : soit, par jour, 17 fr. 50 c. pour 90 tonnes transportées à 2 kilomètres, ou 0 fr. 097 par tonne et par kilomètre.

A ce chiffre il convient d'ajouter ceux qui représentent les frais d'entretien et de renouvellement des différentes parties du matériel, et l'amortissement de la somme engagée.

Il est prudent de ne pas attendre une durée de plus de 5 ans pour un câble ; il faudra donc compter, chaque année, comme dépense d'entretien, ⅕ du prix de câble, — moins ⅕ du prix des 4,090 mètres de revente des vieux câbles, qui est de 850 francs environ, — soit 1,139 francs.

Les cordes d'appel ne peuvent durer que six mois ; il

---

(1) Les habitants de la contrée sont des Kabyles ou Berbères, gens laborieux qui ont déjà fourni de bons ouvriers, aux conditions que nous indiquons, à l'ancienne exploitation des minerais de cuivre et qui ne demandent en ce moment que la reprise du travail.

(2) Dans la construction du chemin de fer d'Alger à Oran, on a payé les Arabes 1 fr. 50 c., et les Marocains, excellents terrassiers, 2 fr. 50 c.

en faudra, par conséquent, 8,100 mètres par an, pour les 5 travées, soit une dépense de 2,268 francs.

Les autres éléments employés représentent un capital de 4,822 francs; en comptant annuellement 15 0/0 de ce capital, pour entretien et renouvellement, on a 723 fr.

Nous aurons donc, comme dépense annuelle, représentant l'entretien et le renouvellement du matériel, une somme de 4,130 francs qui, reportée sur les 27,000 tonnes transportées à 2 kilomètres, correspond à 0 fr. 076 par tonne et par kilomètre.

Quant à l'amortissement du capital de premier établissement, nous admettons qu'on voudra le faire en quinze ans. Au taux d'intérêt de 6 0/0, l'annuité représentant l'intérêt et l'amortissement en quinze ans est de 10, 30 0/0. Appliqué au capital de 12,500 francs, ce chiffre nous conduit à une annuité de 1,288 francs, soit 0 fr. 024 par tonne et par kilomètre.

En faisant la récapitulation de ce que nous venons de dire, on voit que le prix du transport de 1 tonne à 1 kilomètre s'établira ainsi :

Main-d'œuvre . . . . Fr.	0 097
Entretien et renouvellement du matériel	0 076
Amortissement, en quinze ans, du capital de premier établissement	0 024
Frais généraux et frais imprévus	0 013
Total. . . . . Fr.	0 210

S'il y a quatre voies au lieu d'une, le résultat sera le même, bien entendu.

Ainsi le prix du transport de 1 tonne à 1 kilomètre, par la voie aérienne, sera de **21 CENTIMES**, soit **42 CENTIMES**, pour les 2 kilomètres à franchir.

En résumé, avec une dépense de **25,000** francs, par

kilomètre, c'est-à-dire avec une dépense totale de **50,000** fr. qui sera remboursée, capital et intérêts, dans l'espace de 15 ans, on assurera le transport annuel de **108,000** tonnes de minerai, depuis le Gîte des Romains jusqu'au chemin de fer, au prix de **0** fr. **21** par tonne et par kilomètre, soit **0** fr. **42** c. pour les deux kilomètres à franchir, frais de toute nature compris.

VI. — Étude de l'établissement d'un chemin de fer, depuis le confluent de l'Oued Targuet jusqu'à l'embouchure de l'Oued Dhamous.

On sait qu'il n'existe pas encore, pour l'Algérie, dans la partie dont nous nous occupons, du moins, de cartes d'état-major donnant les détails que l'on trouve sur celles qui ont été faites en France. Malgré la grande complaisance que nous avons rencontrée au Ministère de la guerre, où l'on a bien voulu mettre à notre disposition les documents que l'on possède sur la région de l'Oued Dhamous, nous n'avons pu nous procurer que des renseignements incomplets, et ces renseignements, nous ne pouvions évidemment, faute de temps, les compléter entièrement dans la mission qui nous a été confiée. Nous ne pouvons donc présenter ici ce qu'on appelle *un projet* du chemin à établir.

Nous croyons, toutefois, pouvoir donner des indications qui, malgré la réserve avec laquelle nous sommes obligé de les apporter, permettront d'apprécier, avec une approximation suffisante, et la nature de la ligne à construire, et l'importance des dépenses qu'elle occasionnera.

A. — Tracé proposé.

Nous avons dit plus haut que nous proposions d'établir

le chemin de fer sur la rive droite, quoique les mines soient sur la rive gauche. La raison en est dans la différence sensible que présente, sur les deux rives, la configuration du sol ; sur la rive droite, les pentes sont plus douces, le terrain est moins coupé par les ruisseaux ou ravins, l'établissement du chemin de fer y sera donc plus aisé. Le système de transport que nous venons d'indiquer, pour conduire les minerais, nous dispense, d'ailleurs, de construire un pont pour gagner la rive droite : tout au plus faudra-t-il, pour les piétons, une passerelle, dont le prix sera prélevé sur la somme à valoir que nous avons comptée dans l'évaluation du prix d'établissement de la voie aérienne. La longueur de la ligne, depuis le confluent de l'Oued Targilet jusqu'à l'embouchure de l'Oued Dhamous, sera de 15,3 kilomètres environ.

B. — Description de la voie. — Prix de revient de la superstructure.

Nous prendrons la voie de 1 mètre (1). Nous avions d'abord songé à une largeur de $0^m,74$, dans la pensée qu'il faudrait faire remonter au chemin de fer la vallée si tourmentée de l'Oued Targilet, afin de faciliter l'adoption des courbes de petit rayon, et de diminuer les terrassements autant que possible : à présent qu'il ne s'agit plus que de descendre l'Oued Dhamous jusqu'à son embouchure, en prévision du trafic considérable auquel, vraisemblablement, cette ligne est appelée un jour à donner satisfaction, nous croyons qu'il vaut mieux adopter la voie de 1 mètre, qui donne une stabilité sensiblement plus grande, et a reçu de l'expérience une pleine consécration. C'est en effet la voie de 1 mètre, ou de $1^m,05$, qui a été adoptée à la sucrerie

(1) Nous comptons la largeur de la voie entre les bords intérieurs des champignons.

de Tavaux-Ponséricourt (Aisne) pour une exploitation de
35,000 tonnes en quatre mois, — aux mines de Mondalazac,
pour une exploitation annuelle de 80,000 tonnes environ, —
à Mockta-el-Hadid, pour des transports à une distance de
32 kilomètres, qui, en 1873, vont dépasser 400,000 tonnes,
— aux mines de Commentry-Montluçon, etc., etc. A
l'étranger, en Norwége notamment, elle a été souvent
choisie pour des chemins publics, et les Anglais, en ce
moment, la prennent, comme type général, pour leurs pos-
sessions dans les Indes; partout on a été très-satisfait des
résultats obtenus, et, si la voie de 0m,74 a donné de bons
résultats sur plusieurs points, notamment à Blanzy, si
même, à Festiniog, dans le pays de Galles, on paraît
content de la voie de 0m,60, on est obligé de reconnaître
qu'il n'en a pas toujours été ainsi.

Les locomotives seront construites conformément au
type Blanzy du Creusot; ce sont, comme on le sait, de
petites machines-tenders, à deux paires de roues couplées,
pesant 7,000 kilog. en charge, et, vides, 5,600 kilog. :
elles présentent une surface de chauffe de 16,5 mètres
carrés. Leur effort de traction est de 1,250 kilog. Elles
peuvent remorquer, la machine non comprise, un convoi brut,

De 200 tonnes en palier
» 105   »   sur rampe de. .   5 m/m
» 70   »   »   . . 10 » »
» 52   »   »   . . 15 » »
» 40   »   »   . . 20 » »
» 32   »   »   . . 25 » »
» 28   »   »   . . 30 » »
» 20   »   »   . . 40 » »
» 15   »   »   .   50 » »
» 12   »   1/2 »   . . 60 » »
» 8   »   8/10 »   . . 80 » »

3

Ces machines, dont l'écartement des essieux n'est que de 1^m,250, passent facilement dans des courbes de 30 mètres de rayon ; leur vitesse de marche peut varier de 15 à 25 kilomètres, suivant les rampes et la charge.

Les wagons seront les mêmes que ceux de Mockta-el-Hadid. Ces wagons, très-solidement construits, ont le châssis en fer, les bandages des roues en acier ; ils pèsent, vides, 2;450 kilogrammes, ils portent 6 tonnes.

Peut-être trouvera-t-on que nous aurions pu prendre des voitures plus légères. On ne donne pas en effet d'ordinaire une solidité aussi grande à des véhicules qui ne doivent porter que 6 tonnes, mais nous savons, par expérience, avec quelle rapidité se détériore un matériel dans le transport des minerais, lorsqu'on n'a pas apporté à sa fabrication tout le soin désirable ; nous avons vu la Compagnie de Mockta réformer successivement les principales parties de ses wagons, et nous croyons agir sagement en profitant de son expérience.

Les rails seront en fer, et pèseront 15 kilogrammes par mètre courant. Ils seront construits suivant le système Vignolle et réunis par des éclisses. Nous adoptons ce chiffre de 15 kilogrammes, parce que nous croyons savoir que sur quelques points on regrette un peu de ne pas l'avoir pris et d'avoir employé, par exemple, le rail de 13 kilogrammes, qui ne donne pas tout à fait assez de stabilité ; le rail de 15 kilogrammes, pour des charges atteignant au maximum 8 1/2 tonnes, répond à peu près, du reste, au rail de Mondalazac, en fer également, pesant 16 1/2 kilogrammes et portant des locomotives dont le poids est à peu près de 9 1/2 tonnes. Les traverses seront en hêtre préparé ou en chêne ; elles auront 1^m,50 de long, 0^m,16 de large, 0^m,10 d'épaisseur. Elles pourront provenir de la forêt des Tacheta.

Le ballast sera pris dans le lit de l'Oued Dhamous; il formera sur la plate-forme un profil trapézoïdal, dont les côtés parallèles auront 1m,90 et 1m,50, et dont la hauteur sera 0m,20, ce qui donnera un cube de 0mc,340, par mètre courant.

Le prix du mètre courant de superstructure, dans les conditions que nous venons d'indiquer, s'établira comme il suit.

On peut avoir, en ce moment, des rails en fer au prix de 340 francs la tonne rendue à l'Oued Dhamous; les éclisses coûteront 360 francs, les boulons 440 francs, les tire-fonds 490 francs.

Les traverses cubent à peu près la moitié des traverses ordinaires employées dans les grandes lignes, nous les compterons à 2 fr. 50 c. l'une.

Le ballast, dans les conditions particulières où nous nous trouvons, reviendra à 1 fr. 50 c. le mètre cube.

Nous aurons donc pour 6 mètres de voie :

12 mètres de rails en fer, pesant 15 kilog. le mètre, soit 180 kil. à 0 fr. 34 c. le kilog. . . . . Fr.	61 20
Deux paires d'éclisses, pesant 2 kil. la paire, soit 4 kil. à 0 fr. 36 c. . . . , ...	1 44
8 boulons, pesant 0 kil. 15 chacun, soit 1 kil. 20 à 0 fr. 44 c.	0 53
28 tire-fonds, pesant 0 kil. 10 chacun, soit 2 kil. 80 à 0 fr. 49 c.	1 37
7 traverses à 2 fr. 50 c. l'une.	17 50
2 mètres cubes 04 de ballast, à 1 fr. 50 c.	3 06
Pose de la voie	8 »
Total . . . . . Fr.	93 10

Il y a 15,300 mètres, c'est donc, pour la *superstructure*, une dépense totale de **237,456** francs, soit **15,520** francs par kilomètre.

Nous allons maintenant rechercher de quelle façon pourra être établie l'*infrastructure*.

C. — Mode d'exécution de l'infrastructure. — Prix de revient.

La pente moyenne du lit de la rivière est, comme nous l'avons vu, de $0^m,005$ par mètre, avec des écarts peu sensibles, en plus ou en moins.

Le profil en long du chemin de fer, presque toujours placé à flanc de coteau, sera en pente *continue*, et suivra ainsi une ligne à peu près parallèle à celle du thalweg, à quelques mètres seulement au-dessus d'elle ; les pentes seront donc généralement de $0^m,005$: elles ne descendront pas au-dessous de $0^m,010$. Le rayon des courbes sera toujours de 100 mètres, au moins, et même n'atteindra probablement jamais ce chiffre.

La plupart du temps, l'axe de la plate-forme sera à peu près sur le terrain naturel, et celle-ci établie en faisant, à droite de l'axe, des déblais dont le produit sera rejeté en remblai sur la gauche.

Dans les passages difficiles, lorsque les déblais seraient trop dispendieux, on se placera, en remblai, dans le lit même de la rivière, en se collant contre le coteau ; la largeur de ce lit, qui n'est jamais inférieure à 100 mètres, n'en sera pas sensiblement modifiée. Nous avons vu qu'il n'y a pas de trace d'une élévation des eaux de l'Oued Dhamous à 1 mètre au-dessus du lit, et que les pluies torrentielles du mois d'octobre 1873 ne les ont élevées que de $0^m,70$; malgré cela, nous donnerons à notre remblai une hauteur de 3 mètres au-dessus du lit, pour nous mettre à l'abri même de ces crues exceptionnelles, que pourraient amener les averses tropicales, bien rares heureusement, dont nous avons parlé. Ce remblai sera formé avec les sables et graviers de la rivière, et défendu, à son pied, par une banquette de 1 mètre de large sur 1 mètre de haut, qui, sera construite avec de gros cailloux et des blocs roulés, recueillis dans le lit, ou avec quelques rochers que l'on fera tomber des parois de la vallée.

Nous avons vu que, dans cette partie, la vallée de l'Oued Dhamous a très-peu de largeur; nous ne rencontrerons donc pas de cours d'eau importants. Nous exécuterons d'ailleurs, avec toute l'économie possible, les travaux nécessaires pour franchir les ravins que nous trouverons, et nous nous attacherons, exclusivement, à obtenir la solidité; nous emploierons la chaux hydraulique, mais nous repousserons, d'une façon absolue, la pierre de taille et tout ce qui n'est pas rigoureusement nécessaire. Nous construirons les ponts ou ponceaux, n'ayant pas plus de 7 mètres d'ouverture, en élevant, de chaque côté du ruisseau ou ravin à traverser, des piliers en maçonnerie sur lesquels nous viendrons asseoir un tablier métallique, construit avec la plus grande simplicité.

Sur deux points nous croyons devoir laisser libre une ouverture de 14 mètres; nous emploierons exactement le type que nous venons d'indiquer, en ajoutant un pilier intermédiaire.

La voie étant toujours peu élevée au-dessus du lit, et les fondations établies vraisemblablement à une faible profondeur, le cube de ces piliers sera peu considérable, et, finalement, le passage assuré à peu de frais.

La plate-forme destinée à recevoir le ballast aura une largeur de $2^m,10$, ce qui ménagera, de chaque côté, un petit rebord de 10 centimètres au pied du talus du ballast; en déblai ou en palier, on fera, le long de ce rebord, un fossé large de $0^m,90$ et profond de $0^m,30$; les talus des

déblais seront inclinés à 1 de base pour 1 de hauteur,
et les talus des remblais, à 1 1/2 de base pour 1 de
hauteur.

Voyons maintenant à quels chiffres l'établissement
d'une pareille ligne nous conduira.

Et d'abord, occupons-nous des *terrassements*.

Le chemin de fer, nous l'avons vu, part d'un point de
la rive droite de l'Oued Dhamous, situé à peu près en
face du confluent de l'Oued Targilet. Depuis ce point jusqu'à une distance de 6,800 mètres, en descendant vers la
mer, le terrain traversé présente, vers la ligne du thalweg,
d'après les documents qui nous ont été donnés, une dé-
clivité moyenne de $0^m,40$ environ : dans ce parcours, la
plate-forme sera établie, de la façon que nous avons indiquée, au moyen d'un déblai sur la droite de $1^m,50$
par mètre courant, dont le produit sera rejeté en remblai
sur la gauche.

Pour évaluer la dépense de ces terrassements nous admettrons qu'un terrassier faisant, dans la terre végétale,
12 mètres cubes de fouille, par journée de 10 heures, en
fera ici 5 seulement. Dès lors la dépense par mètre cube
s'établira ainsi :

Fouille du terrain, 0 jour 20, à 2 fr. 50 c.. . . . . . Fr. 0 50

Jet à la pelle, à une distance moyenne de 3 mètres et réga-
lage, 0 jour 08 à 2 fr. 50 c. 0 20

Frais généraux, bénéfice de l'entrepreneur et imprévu . . 0 20

Total. . . . . Fr. 0 90

Soit, pour 1^m,50 de déblai, 1 fr. 35 c., par mètre courant, ou, pour 6,800 mètres, 9,180 francs.

Après ce parcours de 6,800 mètres, l'escarpement des bords de l'Oued Dhamous nous forcera, sur une longueur de 1,400 mètres, de placer le chemin en remblai dans le lit de la rivière, en adoptant le profil en travers que nous avons décrit au paragraphe précédent.

Ce profil conduit à des terrassements de 13 m. c. 050, banquette non comprise, en admettant que les parois de la vallée soient tout à fait à pic.

Le prix du mètre cube de remblai, fait avec les sables et graviers de l'Oued Dhamous, pourra être établi comme il suit, en admettant, cette fois, qu'un terrassier fera par jour une fouille de 8 mètres cubes :

Fouille du sable et gravier du lit de la rivière, 0 jour 125 à 2 fr. 50 c. Fr.	0 313
Charge sur une brouette, 0 jour 04 à 2 fr. 50 c.. . . .	0 100
Transport sur une rampe, n'excédant pas 1/10, à une distance moyenne de 30 mètres.	0 300
Décharge et régalage, 0 jour 04 à 2 fr. 50 c.	0 100
Frais généraux, bénéfice de l'entrepreneur et imprévu .	0 137
Fr.	0 950

Soit, par *mètre courant*, 12 fr. 40 c.

On peut compter que la banquette de défense, au pied du talus, coûtera 1 fr. 75 c. le mètre cube, ce qui fera également 1 fr. 75 c. le mètre courant.

Finalement, le mètre courant de remblai, avec banquette, reviendra à 14 fr. 15 c., soit, pour 1,400 mètres, 19,810 francs.

Le tracé suivra ensuite un terrain un peu plus accidenté que celui qui précède l'entrée dans la rivière ; nous comptons que, dans cette partie, les déblais s'élèveront à 2 mètres cubes par mètre courant, et que, le terrain étant un peu plus dur, un terrassier ne fera que 4 mètres cubes par jour. La fouille de 1 mètre cube coûtera alors 0 fr. 625, au lieu de 0 fr. 50 c., et le prix de revient de 1 mètre cube de terrassement, calculé comme nous l'avons fait précédemment, s'élèvera à 0 fr. 95 c. Il en résultera une dépense de 1 fr. 90 c., par mètre courant, ou de 2,090 francs pour 1,100 mètres.

Nous aurons, après cela, 750 mètres dans le lit de la rivière, à 14 fr. 15 c. le mètre courant, comme ci-dessus, soit 10,613 francs.

La section suivante se compose d'une ligne de 2.850 mètres, à flanc de coteau ; nous comptons qu'il faudra y faire 4 mètres cubes de déblai, par mètre courant, et que, dans cette partie du tracé, un terrassier fera seulement 2 mètres cubes 50 de fouille par jour. Le prix de revient de 1 mètre cube de fouille sera alors de 1 franc, et le prix du mètre cube de terrassements s'élèvera à 1 fr. 40 c., soit, par mètre courant, 5 fr. 60 c. et, pour 2,850 mètres, 15,960 francs.

Viendront ensuite 600 mètres en remblai, sur le lit de la rivière, à 14 fr. 15 c. le mètre courant, et coûtant 8,490 francs.

Puis nous trouverons 1,450 mètres, sur lesquels il n'y aura à faire que 1 mètre cube d'un déblai semblable au premier que nous avons trouvé, et donnant des terrassements à 0 fr. 90 c. le mètre courant ; ce sera, pour les 1,450 mètres, une dépense de 1,305 francs.

Enfin, pour franchir, en nous collant contre les parois presque à pic de la montagne, cette déchirure remarquable qui livre passage à l'Oued Dhamous, nous aurons à faire, en partie en rivière, un dernier remblai de 350 mètres, ce qui, à raison de 14 fr. 15 c. le mètre courant, amènera une dépense de 4,953 francs.

En faisant le résumé de ce qui précède, on voit que la voie se composera de :

Une section de 6,800 mètres, partie en déblai, partie en remblai, dans laquelle les terrassements coûteront . . . . . . Fr.   9.180 »
Une section de 1,400 mètres, en remblai, coûtant . . 19.810 »
     —   de 1,100   —   mixte. . . . .   2.090 »
     —   de   750   —   en remblai . . . . . . 10.613 »
     —   de 2.850   —   mixte. . . . . 15.960 »
     —   de   600   —   en remblai . . . . . .   8.490 »
     —   de 1.450   —   mixte . . . .   1.305 »
     —   de   350   —   en remblai . . . . . .   4.953 »

En tout. . . 15.300 mètres coûtant . . . . . Fr. 72.401 »

Les *ouvrages d'art* se composeront de :

4 ponts de 5 mètres d'ouverture ;
5 ponts de 7 mètres   —
2 ponts de 14 mètres   —
15 dallots.

Nous avons vu que les ponts seraient formés à l'aide de tabliers métalliques, reposant sur des piliers en maçonnerie.

Ces tabliers, qui pèseront 150 kilog. par mètre courant, pourront être établis à 105 francs le mètre courant, tous frais compris.

Les piliers auront la forme de pyramides tronquées — à sections carrées ; à un pilier de 4 mètres de haut, nous donnerons, à la base, $1^m,50$ de côté, et, à la partie supérieure, $1^m,20$, ce qui fera un ouvrage de 7 mètres cubes environ, ayant à supporter une charge inférieure à 2 kilog. par centimètre carré. La maçonnerie, en chaux hydraulique, étant comptée au prix élevé de 26 fr. 50 c.

le mètre cube, qui a été payé dans la construction du chemin de fer d'Alger à Oran, ce pilier reviendra à 195 fr. 63 c., soit 200 francs en chiffres ronds.

On peut admettre que tous les piliers des ponts de 5 mètres seront à peu près semblables à celui que nous venons de décrire.

Pour un pont de 5 mètres, le tablier métallique reposant de chaque côté de 0m,50 sur les piliers, nous aurons :

7 mètres de tablier à 105 francs . . . . Fr.	735	«
2 piliers à 200 francs.	400	»
Frais de fouille à une profondeur de 1 mètre, et somme à valoir	65	»
Total . . . . . Fr.	1.200	»

Les 4 ponts de 5 mètres coûteront donc . . 4,800

Les ponts de 7 mètres seront construits exactement de la même façon ; seulement, nous donnerons aux piliers 1m,50 à la partie supérieure, et 1m,80 à la base, ce qui fera un cube de 10mc,99, représentant une dépense de 291 fr. 24 c. en maçonnerie, soit 300 francs en chiffres ronds.

Ainsi, pour un pont de 7 mètres, nous aurons :

8 mètres de tablier à 105 francs. . . . . Fr.	840	»
2 piliers à 300.	600	»
Frais de fouille à 1 mètre de profondeur en moyenne, et somme à valoir	60	»
Total. . . . . Fr.	1.500	»

Les 5 ponts coûteront donc . . . . . Fr. 7.500 »

Pour un pont de 14 mètres, nous aurons :

3 piliers semblables aux précédents, à 300 francs . Fr.   900 »
16 mètres de tablier, à 105 francs . . . . 1.080 »
Fouille et somme à valoir . . . .   120 »

                       Total. . . . . Fr. 2.700 »

Soit, pour les deux ponts . . . . Fr. 5.400 »
Enfin les 15 aqueducs, à 300 francs l'un, coûteront. . . . . Fr. 4.500 »

En résumé, nous aurons, pour les travaux d'art :

4 ponts de 5 mètres à 1,200 francs . . . . . . Fr. 4.800 »
5 ponts de 7 mètres à 1,500 francs . . . . 7.500 »
2 ponts de 14 mètres à 2,700 francs . . . . 5.400 »
15 aqueducs à 300 francs . . . . 4.500 »

               Total. . . . . . . Fr. 22.200 »

Les *terrains* à acquérir auront une étendue de
12,400 mètres, sur 7 mètres de largeur, soit 9 hectares
environ ; en comptant le prix d'acquisition au chiffre
élevé de 200 francs l'hectare, nous aurons, de ce chef,
une dépense de 1,800 francs.

Si maintenant nous récapitulons toutes les dépenses
d'infrastructure, et si nous ajoutons une somme à valoir spéciale de 23,599 francs, à cause des incertitudes (1)
qui résultent de la situation, nous arriverons, pour les
15,300 mètres, aux résultats suivants :

Terrassements . . . . Fr. 72.401 »
Ouvrages d'art. . . . . 22.200 »
Acquisition de terrain . . . . 1.800 »
Somme à valoir . . . . 23.599 »
             Total . . . . Fr. 120.000 »

Ainsi, l'*infrastructure* coûtera **120,000** francs, soit
7,843 francs par kilomètre.

_____

(1) Ces incertitudes, selon nous, se trouvent particulièrement dans la
première section, à partir de l'Oued Targilet.

Restent les *accessoires*.

D. — Accessoires de la ligne. — Leur prix de revient.

D'abord, à chaque extrémité de la ligne et en son milieu, il faudra avoir des voies d'évitement avec aiguilles ;
les wagons, ainsi que nous allons le voir, ayant 4 mètres
de long, et les trains pouvant en contenir jusqu'à 28, il
sera bon de donner 150 mètres à chacune de ces
lignes, soit, pour les 3 évitements, 450 mètres de voie ;
chaque mètre, à raison de 15 fr. 52 c. pour la superstructure, et de 7 fr. 85 c. pour l'infrastructure, coûtera
23 fr. 37 c. ; ce sera donc, pour les 450 mètres, une
dépense de. . . . . Fr. 10.517 »

A chacune de ces 3 lignes, il faudra 2 systèmes d'aiguilles, à 1,000 francs l'un, soit . . 6.000 »

Plus 1 plaque tournante . . . . 1.800 »

Enfin, nous compterons pour accessoires
divers, réservoirs, fosse à piquer, signaux,
télégraphe, etc., une somme de. . . . . . 5.183 »

Soit en tout. . . . . . Fr. 23.500 »

Cette dépense totale de **23,500** francs pour les *accessoires*, répartie sur 15 kilom. 300 m., donne **1,536** francs
par kilomètre.

E. — Prix de revient du chemin de fer, matériel roulant
non compris.

En réunissant les éléments que nous ont fournis les trois
paragraphes qui précèdent, et en ajoutant une somme à
valoir de 19,044 francs, pour intérêt, avant la mise en
exploitation, des sommes dépensées (1), et pour dépenses

(1) L'infrastructure pourra être construite en moins de neuf mois, la
superstructure et les accessoires établis en moins de trois mois.

imprévues, on voit que le prix de construction du chemin de fer, depuis le confluent de l'Oued Targilet jusqu'à la mer, tous frais compris, moins ceux du matériel roulant, s'établira ainsi :

	Frais totaux.	Frais par kilom.
Superstructure	237.456	15.520
Infrastructure	120.000	7.843
Accessoires de la voie.	23.500	1.536
Somme à valoir	19.044	1.245
Total	400.000	26.144

Ainsi la dépense en question s'élèvera, en tout, à **400,000** francs, soit à **26,144** francs par kilomètre.

F. — Mode d'exploitation proposé. — Matériel nécessaire pour une exploitation annuelle de 108,000 tonnes. — Prix de revient de ce matériel.

Comment devra être organisé le service du matériel roulant dont nous avons parlé plus haut, et quel sera le prix de revient du transport ?

On se rappelle que les câbles aériens emportent, par an, 100,000 tonnes, et même 108,000 tonnes de minerai, soit 360 tonnes par jour, en comptant 300 jours de travail.

Ce sont ces 360 tonnes, amenées directement dans les wagons, qu'il nous faudra conduire à la mer.

Les wagons pouvant contenir 6 tonnes, la façon la plus simple d'opérer sera, selon nous, de former chaque jour 4 trains de 15 wagons, emportant chacun 90 tonnes. Le mouvement de ces trains pourra être réglé comme il suit.

Supposons, pour fixer les idées, qu'il s'agisse du travail à faire un mardi et que, *le lundi soir*, à l'heure où cesse le travail, nous laissions :

1° Au point de jonction de la ligne aérienne et de la voie ferrée :

> Une série W de 15 wagons vides ;
> Une série W' de 15 wagons pleins ;
> La locomotive faisant le service ;

2° Sur la plage :

> Une série W''' de 15 wagons à moitié déchargés.

On sait que, pour charger 15 wagons, c'est-à-dire 1/4 de 360 tonnes, il faut à la voie aérienne 1/4 de 10 heures, c'est-à-dire 2 heures 1/2 : nous mettrons, à la décharge, un nombre d'ouvriers tel que 15 wagons se trouvent justement déchargés dans le même laps de temps.

Le *mardi matin*, à la première heure, voici comment le travail s'organisera :

La voie aérienne commencera le chargement des wagons W ;

La locomotive emmènera, vers la plage, les wagons W' ;

Les ouvriers à la décharge se mettront à achever le déchargement des wagons W''.

Au moment où ces wagons W'' seront vides, les wagons W' arriveront prendre leur place pour être déchargés à leur tour. La locomotive remontera alors avec les wagons W'', qui arriveront au point de jonction au moment où les wagons W seront eux-mêmes chargés, et dont ils prendront la place.

La locomotive redescendra aussitôt avec ces wagons W, et, sauf interruption au milieu du jour, pour l'heure du repas, les choses iront ainsi jusqu'au soir.

A la fin du jour, c'est-à-dire après dix heures de travail, voici quel sera le travail effectué :

La voie aérienne aura chargé 4 séries de 15 wagons, les wagons de la dernière série restant pleins pour *le mercredi matin* ;

La locomotive aura fait quatre voyages complets à la mer, aller et retour, et se retrouvera à son point de départ ;

Enfin trois séries et deux demi-séries de wagons auront été vidées ; de même, en effet, que le poste des ouvriers à la décharge n'a eu qu'une demi-série de wagons à vider, pendant que la locomotive descendait le matin — de même, le soir, il n'a encore qu'une demi-série à vider, pendant que la machine remonte et laisse la moitié de la besogne pour le lendemain.

Les choses seront donc exactement, le mercredi matin, dans l'état où nous les avons prises le mardi, et l'on pourra continuer à opérer ainsi autant qu'on le voudra.

Ces voyages, évidemment, s'exécuteront avec la plus grande facilité. La machine aura une force bien plus que suffisante pour les trains.

On se rappelle, en effet, que les wagons pèsent vides 2,500 kilogrammes, soit 8,500 kilogrammes en pleine charge. Nous n'avons pas à nous occuper du mouvement des wagons pleins ; ils descendront, en quelque sorte, par leur propre poids, de l'Oued Targilet à la mer, et même leur marche devra être modérée à l'aide d'un frein, puisque le chemin de fer sera constamment en pente vers la mer ; la machine ne les accompagnera guère que pour remonter les wagons vides.

Quant à ces wagons vides, au nombre de 15, ils représentent 37 1/2 tonnes, et le plus grand effort à faire sera de les remorquer sur des rampes de 0^m,010 qui ne se rencontreront qu'exceptionnellement : or, sur ces rampes de 0^m,10, la machine peut remorquer 70 tonnes, son propre poids non compris, c'est-à-dire 28 wagons ; nous serons donc bien loin d'employer sa puissance la plus grande.

45 wagons et 1 locomotive suffiraient, à la rigueur,

pour faire le service, mais nous comptons que l'on prendra 5 wagons et 1 locomotive de rechange.

Nous ne prenons que 5 wagons de rechange, parce que, s'il le fallait, on pourrait faire le service avec 40 : les trains seraient alors formés avec 20 wagons, les voyages dureraient 3 h. 1/3 ; et, dans les plus fortes rampes, on n'aurait encore à demander à la machine qu'un effort de 50 tonnes. Le seul inconvénient serait l'obligation, pour la locomotive, de remonter vides, dans le même voyage, les wagons même qu'elle aurait descendus pleins ; il en résulterait la nécessité de faire le déchargement d'une façon discontinue et très-rapide ; d'avoir, par conséquent, sur la plage, un nombre considérable d'ouvriers, difficiles à employer entre deux trains. Cet inconvénient nous a empêché d'adopter cette combinaison, mais, en cas d'urgence, et d'une façon provisoire, on pourrait l'employer sans grand dommage.

Le matériel fixe se composera donc de 50 wagons et de 2 locomotives.

D'après ce que nous avons vu, et en ajoutant une somme à valoir de 9,600 francs (1), on voit que les frais d'acquisition de ce matériel seront les suivants :

50 wagons rendus à l'Oued Dhamous à 2,540 francs
l'un. . . . . Fr.   127.000 »
2 locomotives rendues à l'Oued Dhamous, à 19,200 fr.
l'une . . . .   38.400 »
Somme à valoir. . . . .   9.600 »
              Prix total du matériel. . . . . . Fr.   175.000 »

Ainsi l'acquisition du matériel roulant nécessaire à une exploitation de **108,000** tonnes coûtera **175,000** francs, soit **11,438** francs par kilomètre.

_____

(1) On n'aura pas, vraisemblablement, à compter ici d'intérêt, avant la mise en exploitation, de sommes dépensées, car on se fera livrer le matériel au moment seulement qui aura été prévu, pour le commencement de cette exploitation.

G. — PRIX TOTAL DU CHEMIN DE FER, MATÉRIEL COMPRIS.

En réunissant les données du paragraphe **D** à celles du paragraphe **E**, on voit que, finalement, le prix total du chemin de fer, dans la vallée de l'Oued Dhamous, y compris le matériel nécessaire à une exploitation de **108.000** tonnes, sera ainsi formé :

	Pour le parcours entier.	Par kilomètre
Construction de la voie et de ses accessoires. . . . . Fr.	400.000 »	26.144 »
Acquisition du matériel roulant	175.000 »	11.438 »
PRIX TOTAL . . . . . Fr.	**575.000** »	**37.582** »

H. — PRIX DU TRANSPORT SUR LE CHEMIN DE FER.

Frais d'exploitation, de déchargement, d'entretien de la voie, de renouvellement du matériel. — Amortissement, en quinze ans du capital entier de premier établissement.

Nous avons vu que, avec les câbles, le transport revient à 0 fr. 21 c., par tonne et par kilomètre, y compris les frais de toute nature (exploitation, frais généraux, entretien et renouvellement du matériel, amortissement en quinze ans). Nous allons chercher quels seront, avec le chemin defer, les frais correspondants.

A Mondalazac, les frais d'exploitation s'élèvent à 2,500 fr. environ, par kilomètre et par an, pour une exploitation de 80,000 tonnes. Nous croyons pouvoir adopter ce chiffre pour les 108,000 tonnes de Beni-Aquil; car, si, d'un côté, nous avons une exploitation un peu plus considérable; si

4

le charbon et la main-d'œuvre des ouvriers spéciaux doivent coûter un peu plus cher qu'à Mondalazac, nous réaliserons une économie très-grande par suite de la construction, en pente continue, du chemin de fer, qui ne consommera ainsi qu'une très-faible quantité de charbon. Nous admettrons donc que les prix de transport proprement dits, de l'Oued Targilet à la mer, coûteront 0 fr. 024 par tonne et par kilomètre.

Les wagons que nous proposons et qui, on le sait, ne sont autres que ceux de Mockta, ne sont point à bascule; on a préféré se priver de cet avantage, subir des frais plus considérables de déchargement et ne rien sacrifier à la solidité. Nous pensons que ces frais peuvent être comptés largement à 0 fr. 03 c. par tonne déchargée, chiffre supérieur au prix de revient du déchargement des wagons de ballast, dans la pose des voies ordinaires de chemin de fer, et qui représente une dépense de 3,240 francs pour 108,000 tonnes, ou 0 fr. 002 par tonne transportée à 1 kilomètre.

Nous compterons, pour entretien du chemin et du matériel roulant, 2 p. 0/0 du capital de premier établissement, 575,000 francs, soit 11,500 francs ou 0 fr. 007 par tonne transportée à 1 kilomètre. Nous compterons également sur un amortissement, en quinze ans, du capital total de premier établissement, avec une annuité de 10 fr. 30 c., comme pour la voie aérienne, ce qui, pour 575,000 francs, donne une dépense annuelle de 59,225 francs, ou 0 fr. 036 par tonne transportée à 1 kilomètre.

Récapitulant ces divers éléments de dépense, nous voyons que le prix de transport de 1 tonne à 1 kilomètre sera ainsi formé :

Frais d'exploitation . . . . Fr. 0 024
Frais de déchargement des wagons. 0 002
Entretien du chemin et du matériel roulant 0 007
Amortissement, en quinze ans, du capital total de premier
établissement (chemin et matériel roulant) 0 036
Frais généraux et imprévu. 0 011

Total . . . . Fr. 0 080

Ainsi, le prix du transport de 1 tonne à 1 kilomètre, par le chemin de fer, sera de **8 CENTIMES**, soit **1 FRANC 23 CENTIMES**, pour les 15,3 kilomètres.

I. — Somme totale des dépenses a faire, pour mettre la mine en communication avec la mer, et prix de revient total du transport de 1 tonne de minerai au point d'embarquement.

Nous avons vu que les 2 kilomètres de voie Brunot coûteraient 50,000 francs, matériel compris ; nous venons de voir que les 15 kilom. 300 de chemin de fer coûteraient 575,000 francs, matériel compris également.

Les communications à établir entre la mine et la mer, pour une exploitation annuelle de 108,000 tonnes, coûteront donc **625,000** francs, tout compris.

De même, nous savons que le transport par la voie aérienne de la mine à l'Oued Dhamous coûtera, en tout, 0 fr. 42 c. Nous venons de trouver que le transport par le chemin de fer, depuis cette voie jusqu'à la mer, coûterait, en tout, 1 fr. 23 ; le transport de 1 tonne de minerai, depuis la mine jusqu'à la mer, coûtera donc finalement **1 fr. 65 c.**, frais de toute nature compris, notamment ceux de l'amortissement en quinze ans du capital engagé.

5. — Calcul de l'avantage que la voie de fer présente sur la
voie de terre, dans le même parcours.

On peut se demander s'il ne serait pas possible de com-
mencer l'exploitation des mines de Beni-Aquil avant
d'avoir complétement établi les moyens de communication
dont nous venons de parler.

Si, tout le long du parcours, on avait un système de
transport analogue à celui que nous proposons pour descendre la vallée de l'Oued Targilet, il n'y aurait pas à hé-
siter sur la réponse à faire à cette question. Il est bien
évident, en effet, qu'il n'y a aucune nécessité de monter
immédiatement *quatre* voies aériennes; si l'on n'en éta-
blissait qu'une, on transporterait 27,000 tonnes au lieu de
108,000; mais les conditions économiques du transport
ne seraient pas modifiées sensiblement.

Si, au contraire, du confluent de l'Oued Targilet à la mer,
on ne voulait construire, tout d'abord, que l'infrastructure du chemin de fer, avec l'idée de s'en servir comme
route carrossable avant d'y poser la voie ferrée, ces conditions économiques seraient changées de toute façon.

La route se trouvant toujours en pente, le transport s'y
ferait, à la vérité, à meilleur marché que sur une route ordinaire, mais il ne serait pas prudent, croyons-nous, de compter sur un chiffre inférieur à 25 centimes par tonne et
par kilomètre, soit 3 fr. 83 c. pour 15,3 kilomètres.

Il faudrait ajouter à ce chiffre les éléments représentant l'entretien du chemin, les frais généraux, et
l'annuité d'amortissement du capital de construction.

Ce capital de construction ne serait pas réduit, d'une
façon aussi considérable qu'on peut le croire *a priori :* nous

avons en effet, dans notre étude, réduit la largeur de la plate-
forme à un minimum extrême, à 2^m,10, et les ponts
à la largeur juste de la voie, à 1 mètre; pour faire passer
des charrettes sur ce chemin, il faudrait doubler la largeur
de tous les ponts et, tout au moins, établir, de distance
en distance, des garages permettant à ces charrettes de se
croiser. Nous avons vu que l'infrastructure du chemin de fer
coûterait 120,000 francs; il ne serait pas possible d'établir
à moins de 150,000 francs un chemin où un service de
charrettes puisse être organisé; encore ce service, dans
ces conditions, serait-il très-compliqué. De plus, il faudrait
que la chaussée fût empierrée. En ne mettant que 15 centimètres d'empierrement, sur une largeur de 2 mètres et
sur une longueur qui, avec les chemins de garage, atteindrait au moins 16 mètres, ce serait un cube de 4,800 mètres
d'empierrement qui, compté à 2 francs seulement le mètre
cube, à cause des ressources que présente le lit de l'Oued
Dhamous, augmenterait encore la dépense de 9,600 francs,
soit 10,000 francs, en chiffres ronds.

Le prix de revient de la route s'élèverait ainsi à 160,000
francs.

En évaluant les frais d'entretien à 10 0/0 de ce capital,
on arriverait à une dépense annuelle de 16,000 francs qui,
répartis sur 27,000 tonnes, chiffre correspondant à la
puissance de transport d'une voie aérienne unique, et
sur 15 k. 300 m., donneraient 39 millimes pour une
tonne transportée à 1 kilomètre.

En comptant 10 fr. 30 c. 0/0, pour l'annuité d'un amortissement en 15 ans, on aurait encore une somme de 16,480 fr.,
soit, pour un transport de 27,000 tonnes, 40 millimes par
tonne transportée à 1 kilomètre.

En faisant la récapitulation de ces éléments on voit que

le prix de revient du transport en question, par tonne et par kilomètre, s'établirait ainsi :

Camionnage du minerai. . . . . Fr. » 250
Entretien du chemin . . . . » 039
Amortissement du capital de construction, en 15 ans . » 040
Frais généraux et imprévu. . . . . » 036

                                    Total . . . . . » 365

Le prix du transport, par terre, de 1 tonne de minerai, depuis l'Oued Targilet jusqu'à la mer, coûterait donc **36** centimes **1/2** par kilomètre, soit, pour une longueur de 15 k. 300 m., **5** fr. **58** c.

En ajoutant 42 centimes, prix du transport sur la voie aérienne, on aurait finalement, pour le transport depuis la mine, avec ce procédé, **6** francs au lieu de **1** fr. **65** c. que nous avions trouvé avec le chemin de fer.

Ramenée à ces termes, la question que nous posions tout à l'heure nous paraît résolue. Nous ne dirons pas que le minerai de Beni-Aquil ne pourrait supporter cette charge de 6 francs, lorsque celui de Témoulga arrive à Oran grevé de 8 ou 10 francs, au moins, de frais de transport sur le chemin de fer, mais, au moment où les mines de Mockta portent leur exploitation annuelle à plus de 400,000 tonnes, qu'elles transportent à la mer sur un chemin de fer de 32 kilomètres, nous ne pouvons conseiller d'entreprendre l'exploitation de l'une des concessions les plus considérables qui aient jamais été données, dans des conditions qui ne produiraient que 25 ou 30,000 tonnes par an, et diminueraient, de plus de 4 francs par tonne, le bénéfice auquel on peut s'attendre avec une exploitation de 100,000 tonnes seulement, faite avec un chemin de fer.

C'est donc avec le chemin de fer, et avec le chemin de
fer seulement, que, selon nous, doit se faire l'exploitation des minerais de fer de Beni-Aquil.

Nous allons maintenant examiner la question de l'embarquement de ces minerais.

VII. — De l'embarquement du minerai.

A. — Description générale de la cote de l'Algérie. — Profondeur
des eaux. — Régime des vents. — Ondes. — Courants. — Constitution
géologique. — Nature des fonds. — Situation dans l'antiquité.

La côte de l'Algérie, distante de 660 à 700 kilomètres
des côtes méridionales de France, s'étend, à peu près, en
ligne droite, de l'O. 10° S. à l'E. 10° N., entre les méri-
diens de Bayonne et de la Corse, sur une largeur de
1,000 kilomètres.

Comme la plupart des rivages situés à l'exposition directe du Nord, elle est assez mal pourvue d'abris naturels,
mais ses abords sont parfaitement sains ; à peine signale-
t-on trois ou quatre récifs et quelques îlots sans importance, et les falaises abruptes qui la bordent offrent à
leurs pieds de grandes profondeurs d'eau, avec des fonds
de sable plus ou moins vaseux, où les navires peuvent
trouver un ancrage excellent.

Le régime des *vents* a été étudié avec beaucoup de soin,
sur cette côte, par MM. Bérard et Lieussou, notamment,
aux beaux travaux desquels nous faisons de larges em-
prunts dans cette partie de notre Mémoire, et leurs observations permettent de s'en rendre un compte suffisant.

Sur 365 jours, on a :

11 jours de vent	S.	{	3 jours en été.	
			8 —	hiver.
34 —	S.-O.	{	8 jours en été.	
			26 —	hiver.
49 —	O.	{	12 jours en été.	
			37 —	hiver.
118 —	N.-O.	{	70 jours en été.	
			48 —	hiver.
32 —	N.	{	18 jours en été.	
			14 —	hiver.
61 —	N.-E.	{	44 jours en été.	
			17 —	hiver.
42 —	E.	{	23 jours en été.	
			19 —	hiver.
18 —	S.-E.	{	4 jours en été.	
			14 —	hiver.

365 jours de vent.

en appelant *Été* l'ensemble des mois de mai, juin, juillet, août, septembre et octobre ; *Hiver* les mois de novembre, décembre, janvier, février, mars et avril.

Les vents *forts*, c'est-à-dire ceux qui peuvent soulever une mer houleuse, durent 102 jours, ainsi répartis entre les diverses sortes de vents :

Vents forts :

S.	2 jours.
S.-O.	9 —
O.	22 —
N.-O.	29 —
N.	6 —
N.-E.	21 —
E.	8 —
S.-E.	5 —
Total	102 jours.

Les vents *violents*, c'est-à-dire les vents qui soulèvent une grosse mer, durent 51 jours, se répartissant de cette façon :

Vents violents :

S...................	0 jours.
S.-O................	6 —
O...................	12 —
N.-O................	14 —
N...................	6 —
N.-E................	7 —
E...................	5 —
S.-E................	1 —
Total.....	51 jours.

Il résulte de ces tableaux que, sur les côtes de l'Algérie, les vents Nord et les vents Sud, opposés aux traversées directes de la Méditerranée entre la France et l'Algérie, sont extrêmement rares : on peut admettre que l'on a, d'une façon à peu près constante, des vents traversiers ayant pour direction moyenne l'O.-N.-O. et l'E.-N.-E.

Les premiers soufflent pendant 201 jours, les seconds pendant 121 jours : c'est à peu près une proportion de 2 pour 1. Les vents du Nord et ceux du Sud ne soufflent en tout que durant 43 jours.

Cette proportion de 2 à 1, entre les vents de l'Ouest et les vents de l'Est, et en même temps la rareté des vents Nord et des vents Sud, se retrouve également pour les vents forts et pour les vents violents.

Les *ondes moyennes*, celles que l'on voit par une mer houleuse, et qui durent 102 jours, sont soulevées 60 jours par des vents de la direction Ouest, et 34 par des vents de l'Est : pendant 8 jours seulement, les vents qui forment ces ondes viennent du Nord ou du Sud.

Les *grandes ondes*, celles que l'on voit dans une grosse mer, et qui existent pendant 51 jours, sont soulevées 32 jours par des vents de l'Ouest, et 13 jours par des vents de l'Est : pendant 6 jours seulement, les vents viennent du Nord.

En réunissant les jours de mer houleuse et les jours de grosse mer, on voit que l'on a, en définitive, sur la côte de l'Algérie, 153 jours d'une mer plus ou moins agitée, ce qui laisse, dès lors, 212 jours de beau temps.

Ces 153 jours de mauvaise mer se trouvent particulièrement dans la période que nous avons appelée *Hiver*.

Nous ne voulons pas dire assurément que, pendant l'*Été*, pendant même les mois les plus chauds, il ne puisse se trouver des jours de vent, mais c'est l'exception, et, dans ces jours de vent de la belle saison, il n'arrivera pour ainsi dire jamais, nous ont dit des marins expérimentés, que l'on n'ait pas au moins six ou huit heures de calme, de minuit à 8 ou 9 heures du matin.

Les tempêtes sont toujours amenées, sur les côtes de l'Algérie, par des vents du large, compris entre le N.-O. et le N.-E., des vents d'Ouest plutôt que par des vents d'Est ; cette prédominance se remarque plus entre Oran et Alger qu'entre Alger et Bone. Souvent, d'ailleurs, on a vu, dans les tempêtes, les vents venir de l'Ouest ou de l'Est, au début, et ensuite prendre la direction N.-S.

Les deux vents généraux d'O.-N.-O. et d'E.-N.-E., dont nous avons parlé plus haut, dominent non-seulement sur la côte de l'Algérie, mais encore dans tout le bassin Ouest de la Méditerranée, si bien qu'il faut généralement moins de temps pour aller de Marseille à Alger que d'Alger à Marseille ; moins de temps aussi pour aller de Marseille à Bone que pour parcourir la même distance, dans la direction de Marseille à Oran. Ils présentent, dit M. Lieussou, des caractères bien distincts l'un de l'autre, sur la côte de l'Algérie.

« Le vent d'O.-N.-O. est sec et froid ; en général, il fait baisser le baromètre et élever le niveau des eaux ; il domine en toute saison, et se fixe au N.-O. en été, tandis qu'il souffle du S.-O. au N.-O. en hiver ; lorsqu'il est modéré, l'air est d'une transparence remarquable et les terres apparaissent, à de grandes distances, avec des contours bien tranchés : lorsqu'il est fort, le ciel est encore clair au zénith et parsemé de nuages blancs, nettement dentelés, ressemblant à des bancs de sable ; lorsqu'il est violent, le ciel se couvre de gros nuages qui amènent souvent la pluie ; il souffle alors par grains.

« Le vent d'E.-N.-E. est humide et chaud ; en général, il fait monter le baromètre et baisser le niveau des eaux ; il est fréquent en été, et se fixe au N.-E., tandis qu'il est fort rare et variable en direction en hiver. Lorsqu'il est modéré, le ciel est clair au zénith, mais obscurci à l'horizon par une brume blanchâtre qui voile les terres ; lorsqu'il est frais, il amoncelle sur la côte d'épais nuages blancs, qui se fixent sur les montagnes et les dérobent à la vue ; lorsqu'il est violent, ce qui est rare, les terres disparaissent sous un ciel sombre, et le vent souffle par rafales. »

Il convient de remarquer que l'on est arrivé aux conclusions générales exposées ci-dessus en prenant, pour chaque jour d'observation, le vent qui a dominé. Mais, dans une même journée, lorsque les vents sont légers, il y a souvent de grandes variations dans la direction : pendant la belle saison, par exemple, on a fréquemment, le long des côtes, des brises solaires soufflant de la terre pendant la nuit, de la mer pendant le jour, et cette alternative de brises semi-diurnes, de terre et de mer, facilite beaucoup les mouvements d'entrée ou de sortie des ports.

On a constaté la présence d'un *courant* permanent qui circule le long des côtes de la Méditerranée, de gauche à droite en regardant la mer. Ce courant littoral ne pénètre pas, d'ordinaire, dans les golfes et les baies formées par les découpures des terres ; mais, en dehors des caps avancés en mer, on le retrouve toujours, et il persiste à quelques mètres sous l'eau, alors même qu'il a disparu ou même s'est transformé à la surface, sous l'influence d'un vent fort, directement opposé.

On le rencontre, en profondeur, jusqu'à quelques mètres du fond, où les frottements et les inégalités du sol tendent à le détruire.

La vitesse maximum de ce courant ne dépasse pas 1 mètre par seconde. Elle est plus faible de moitié par un beau temps.

Au large, la vitesse la plus grande des courants observés ne dépasse pas $0^m,60$.

Les *falaises*, plus ou moins abruptes dont nous avons parlé et qui bordent la mer, appartiennent généralement au terrain tertiaire ; et, à l'exception des caps avancés, elles sont formées d'ordinaire de roches se désagrégeant aisément, le plus souvent de grès friables reposant sur des formations argileuses. Les vagues viennent saper à la base ces roches de peu de résistance ; elles ne tardent pas à mettre en encorbellement des massifs plus ou moins considérables, qui finissent par tomber à la mer, en lambeaux, et s'y réduisent en sable ou en vase.

C'est de cette façon que se sont formées, à peu près complétement, les plages et les dunes de l'Algérie, auxquelles les cours d'eau si faibles du pays n'ont pu d'ordinaire apporter, par leurs alluvions, qu'un très-faible contingent. Les vases sont entraînées au loin et vont se perdre dans les grandes profondeurs du large. Mais les sables, qui cessent d'être soulevés au-delà des profondeurs de 15 mètres, sont promenés le long des côtes, au gré des vents et des courants, et finissent par gagner le fond de la baie la plus voisine ; ils s'y maintiennent, s'y accumulent et finalement y forment une plage. Ces plages, dans les temps calmes, n'éprouvent aucun changement, mais les tempêtes en modifient quelquefois les contours. Les tempêtes du N.-O. déplacent les sables vers l'E., et les tempêtes du N.-E. les déplacent vers l'Ouest.

Telle est, croyons-nous, considérée dans son ensemble, cette côte de l'Algérie, qui commence à attirer de nouveau, si fortement, l'attention du monde industriel et commercial, et que nous voyons, dans l'antiquité, couverte d'établissements maritimes de tous genres, villes ou comptoirs.

Les Romains, en particulier, pendant les 600 ans qu'ils ont occupé l'*Algérie*, y avaient établi un grand nombre de ports, d'importance diverse (1), où venaient affluer les richesses agricoles et, probablement aussi, minérales de la contrée, et l'état florissant de la côte à une époque où la navigation était si loin de rencontrer les facilités actuelles, nous paraît de nature à donner une idée de ce que l'on est en droit d'attendre aujourd'hui, avec

(1) Sur l'emplacement actuel de la ville d'Oran, ou dans le voisinage, les Romains avaient le port de *Gilba* ; près d'Arzew, bâti sur les ruines de l'ancienne *Arsenaria*, ils avaient deux ports, *Portus-Divini*, à l'extrémité du cap, et *Portus-Magnus* tout au fond de la baie, et la mauvaise exposition de la côte, à Mostaganem, ne les avait pas empêchés d'y bâtir *Murustoga*. Là où nous avons Ténez aujourd'hui, était *Cartenna*, et Cherchell n'est autre

les progrès réalisés dans l'art des constructions à la mer, et avec la navigation à vapeur.

B. — ÉTAT PARTICULIER DE LA COTE, A L'EMBOUCHURE
DE L'OUED DHAMOUS.

Nous allons maintenant examiner le point particulier où nous nous trouvons.

L'embouchure de l'Oued Dhamous est à peu près, en

---

que *Césarée*, l'antique *Julia Cæsarea*, la métropole de la Mauritanie Césarienne, dont on peut voir encore aujourd'hui les arènes, les beaux aqueducs en ruine. Non loin d'Alger, se trouvait *Icosium;* puis à l'extrémité du cap Matifou, *Rusguniæ*, détruite par les Vandales, et plus à l'Est encore *Ruscurium*, où nous voyons aujourd'hui la petite ville de Dellys. La ville de Bougie, appelée vraisemblablement, avec Arzew, à fournir un jour à l'Algérie ses meilleurs ports, la ville de Bougie est bâtie sur l'ancienne ville de *Saldæ*, qui fut l'une des principales cités de la Mauritanie, et qui fut occupée successivement par les Romains, les Vandales, les Sarrasins, les Espagnols. Gigelly, dont Louis XIV s'emparait en 1664, et où il avait songé à créer un établissement maritime, paraît n'être autre que l'ancienne ville épiscopale d'*Igilgilis*, et Collo, c'est *Cullu*, où il se fabriquait, dit Pline, des tissus rivalisant avec ceux de Tyr. Philippeville, réunie aujourd'hui à Constantine par un chemin de fer, est sur l'emplacement de *Rusicada* ou *Sucaïda*, qui communiquait également avec *Cirta* (Constantine), par une voie romaine. Bone est à 2 kilomètres 1/2 d'*Hippone*, la ville de saint Augustin, dont les ruines importantes, notamment les restes d'un aqueduc de 2,500 mètres, viennent attester l'ancienne splendeur.

L'Afrique septentrionale devint telle sous la domination romaine, qu'une loi impériale en interdit le séjour aux exilés « parce qu'ils y eussent trouvé les habitudes, les plaisirs et le langage de Rome. » Le pays était sillonné de routes en tous sens, et l'une d'elles allait de Carthage aux colonnes d'Hercule. Le sol, d'une fertilité inouïe, nourrissait à la fois l'Afrique et l'Italie. « On y voyait, dit Strabon, des champs de froment où l'on faisait deux récoltes par an, et dont les épis étaient hauts de 5 coudées. » Bon nombre de villes sur le sol même occupé aujourd'hui par la France, n'avaient pas moins de 50 ou 60,000 âmes. Et cependant les Romains n'eurent guère la tranquille possession de cette partie de leur empire, dont la conquête, achevée au milieu du Ier siècle de l'ère chrétienne, avait duré 250 ans : leurs légions durent s'y maintenir, presque constamment, en armes, pour résister aux soulèvements des indigènes, aux insurrections militaires, aux invasions des Vandales, jusqu'au moment où les Sarrasins vinrent, au milieu du VIIe siècle, les chasser pour toujours.

ligne droite, à 28 kilomètres à l'Est de Ténez, et à 45 kilomètres à l'Ouest de Cherchell ; à 120 kilomètres d'Alger, à 190 kilomètres d'Arzew, à 225 kilomètres d'Oran, à 800 kilomètres de Marseille. La rivière, après avoir franchi le passage rétréci dont nous avons parlé, traverse, avant de se jeter dans la mer, une belle plage presque horizontale, s'étendant à 1,100 mètres sur la rive droite, et à 1,800 mètres sur la rive gauche, et présentant, sur une longueur de 1 kilomètre de chaque côté de l'Oued Dhamous, une largeur de 200 à 250 mètres. Cette plage remplit la plus grande partie d'une sorte de baie, très-peu profonde du reste, qui semble avoir existé autrefois à l'embouchure de l'Oued Dhamous, et dont il ne reste guère qu'une petite partie à l'Ouest. Le rivage se confond donc, à peu près, avec la ligne générale de la côte algérienne et ne présente pas d'abri naturel.

Du côté de la terre, ce vaste terrain est entièrement encadré par des falaises presque à pic, d'une *hauteur* de 18 à 20 mètres environ, conformes au type général des falaises de la côte, et appartenant, par conséquent, au terrain tertiaire. Le grès seulement s'y présente d'une façon toute spéciale : il forme, de distance en distance, des couches puissantes, relevées presque à pic, véritables *contre-forts*, soutenant, sous un angle de 80 ou 85°, des formations argileuses. Ces couches de grès offrent la plus grande régularité ; vues à une certaine distance, elles ressemblent tout à fait, pour la plupart, à un mur de soutènement, bâti avec un fruit bien étudié ; elles sont formées d'assises parfaitement parallèles, dont l'épaisseur varie de 0^m,10 à 2 mètres. La roche est très-compacte et d'une dureté extrême ; son poids moyen est de 2,524 kilogrammes le mètre cube.

M. Michelot, ingénieur en chef des ponts et chaussées,

sı connu, notamment, par ses belles études sur la résistance des matériaux de construction, a bien voulu rechercher *la force portante* de ces grès, avec des échantillons que nous avons rapportés. Dans les blocs soumis aux expériences, la première fissure, en moyenne, ne s'est produite que sous une pression de **954** kil. **41**, et l'écrasement n'a eu lieu que sous la charge de **1,115** kil. **81**.

Pour se rendre bien compte de ces chiffres, il suffira de se rappeler que :

Le granit vert des Vosges se brise sous une charge de **650** kilogrammes ;

Les granits les plus durs de Normandie se brisent sous une charge de **800** à **850** kilogrammes, au maximum ;

Les grès très-durs, ordinaires, sous une charge de **850** à **900** kilogrammes;

Le liais de Bagneux, près de Paris, ne peut porter que **440** kilogrammes, et la pierre de Conflans que **90** kilogrammes;

Les grès de l'Oued Dhamous approchent du quartzite, et, sur toute l'étendue de la falaise, ils paraissent conserver le même caractère.

En Algérie, notamment, il est très-rare de trouver des matériaux offrant une pareille résistance ; nous avons sous les yeux un tableau des résistances d'un grand nombre de matériaux de la province d'Oran, étudiés avec beaucoup de soin par le service des mines : les deux roches les plus dures signalées sont le calcaire compacte noir de Ben Youb et le calcaire compacte, avec taches rougeâtres, de Nemours. La première de ces roches ne peut porter que **636** kilogrammes, et la deuxième ne résiste pas à plus de **708** kilogrammes.

La composition des grès de l'Oued Dhamous, que M. L. Durand-Claye a eu la complaisance d'analyser à l'École des ponts et chaussées, est la suivante :

Silice. 86.00
Peroxyde de fer et aluminium. 9.30
Chaux. 0.50
Magnésie. 0.80
Eau et produits non dosés. 3.40
                                          ———
                                        100.00

Les assises élémentaires sont parfois plus ou moins fendillées ; quelquefois même, ces fentes ont amené l'éboulement d'une partie de la roche.

Près de l'embouchure de l'Oued Dhamous, les eaux ayant enlevé l'argile derrière le grès, celui-ci se présente sous forme d'un massif isolé, long de 20 mètres et large de 8 mètres et rappelant, par sa position, les *Aiguilles d'Étretat*.

Nous n'avons pu apprécier exactement l'*épaisseur* des *contre-forts*. Sur plusieurs points, cependant, les eaux ayant de chaque côté entraîné les argiles non soutenues de la falaise, nous avons pu constater des épaisseurs de 20 mètres et plus. En avant de la plage, il existe un puissant massif, isolé, appartenant évidemment au même système de grès relevés, et dont nous parlerons plus bas : son épaisseur est de 90 mètres. Quant à la *longueur* occupée sur la falaise par les divers massifs, elle est de 900 mètres ; dans la plupart des intervalles qui les séparent, on trouve l'argile plus ou moins mélangée à des blocs de grès de même nature ; quelquefois même, on a devant soi de véritables bancs en éboulis, ce qui tend à faire croire à l'existence première, dans ces régions, d'une couche de grès continue, qui s'est brisée sur certains points, sans doute par suite de fissures analogues à celles que nous avons indiquées.

5

Si l'on compte seulement sur une épaisseur moyenne de 20 mètres, et sur une hauteur de 18 mètres, on voit que ces roches forment un cube total de plus de 300,000 mètres.

Nous les indiquons sur notre plan général de l'embouchure de l'Oued Dhamous, pl. IV (1).

Aux points extrêmes, à l'Ouest et à l'Est, on retrouve, sur le bord de la mer, les falaises abruptes qui bordent généralement la Méditerranée sur la côte de l'Algérie; en ces points encore, on rencontre des grès puissants, mais d'une allure différente.

Comme on doit le penser, par les vents forts et par les vents violents de l'Ouest, du Nord ou de l'Est, la mer est très-agitée, le niveau des eaux s'élève sensiblement, et, dans les temps exceptionnellement mauvais des mois d'octobre et de novembre derniers, nous avons constaté, sur la plage, une élévation de 3 mètres au-dessus du niveau de la mer tranquille. Le baromètre était alors descendu à $0^m,710$.

En revanche, nous avons des fonds excellents de sable ou de sable vaseux, et de grandes profondeurs à de petites distances du rivage : à 60 ou 70 mètres, on trouve déjà 4 mètres d'eau; à 200 ou 250 mètres, on atteint les fonds de 8 mètres. Nous avons relevé avec soin, devant la plage, les profondeurs permettant d'établir les courbes des fonds de 1, 2, 3, 4, 5, 6, 7, 8, 10, 12, 15, 18 mètres, que nous représentons pl. IV, avec l'indication de la nature du fond. Nous n'avons pu, il est vrai, faire ces opérations, très-longues, que sur 1 kilomètre de côte : toutefois, après avoir fait, sur plusieurs autres points, quelques sondages

(1) Nous nous sommes étendu un peu longuement sur ce point, afin qu'il soit bien établi que l'on trouverait, à l'embouchure de l'Oued Dhamous, des matériaux de construction excellents et abondants.

ısolés, et consulté les cartes du service de la marine, où
sont indiqués sommairement, mais avec beaucoup d'exac-
titude, les profondeurs de la mer tout le long de la côte,
nous croyons pouvoir considérer le régime des fonds comme
sensiblement le même dans toute cette région.

Dans son ensemble, la côte est très-saine : nous avons
seulement à signaler, sur une zone peu étendue de la
région Ouest, quelques rochers, faisant partie d'un groupe
de roches dont nous allons parler, et dont les unes se
trouvent en avant de la plage, sur le rivage même ; les
autres s'avancent en mer, jusqu'à une distance de
300 mètres.

Ces roches, que nous avons relevées, et que nous
désignons, sur notre plan (pl. IV), par les lettres M, N,
P, Q, R,, ne sont autre chose que des massifs de grès
tout à fait analogues aux *contre-forts* de la falaise : même
régularité dans les assises, même parallélisme, même inclinaison de 80 ou 85°. La direction seule varie un peu :
tandis que les couches de la falaise sont dirigées sensiblement de l'Ouest à l'Est, celles dont nous parlons se
rapprochent de la direction S.-O., N.-E. Elles n'ont même
pas toutes une orientation identique : au lieu d'être parallèles
à un seul plan, elles sont, en réalité, parallèles à deux
plans formant entre eux un angle très-aigu, de 4 ou 5°.

Les massifs sont généralement cachés en grande partie par les eaux.

Le plus important est celui dont nous avons déjà parlé,
et qui, à 900 mètres environ de l'Oued Dhamous, sur la
rive gauche, forme, devant la plage, un véritable promon-
toire. Nous le désignons par la lettre M.

Les assises qui le composent atteignent généralement
le niveau des eaux, ou s'élèvent au-dessus à des hauteurs
variables ; les bords seuls sont complétement immergés.

Le massif entier occupe un espace de 90 mètres, nor-
malement à la côte, et de 120 mètres, parallèlement à
cette côte. Les bancs s'élevant au-dessus des eaux se
trouvent dans une première zone de 20 mètres de long,
à partir de la côte, et de 50 mètres de large ; ils atteignent,
tout près de la plage, la hauteur de 21 mètres, mais leur
aspect général est très-irrégulier : entre deux assises, se
dressant à 15 ou 20 mètres, il y en a quelquefois une qui
ne s'élève qu'à 1 ou 2 mètres, ou même a été presque entièrement détruite par les eaux; chaque assise ne
présente pas toujours une hauteur constante, c'est encore,
un peu, l'aspect des *Aiguilles d'Étretat*.

Le massif *M* est aujourd'hui réuni à la plage, par une
espèce d'isthme de sable qui a 25 à 30 mètres de large
et 50 à 60 mètres de long, ainsi qu'on peut le voir sur
le plan.

Cet isthme n'a pas toujours eu la même position ; il
n'a même pas toujours existé. Il y a quelques années,
lorsque le service de la marine a dressé la carte de la
côte, il se trouvait beaucoup plus à l'Est, tout à fait à
l'extrémité des couches de grès, et formait ainsi une petite
anse avec la côte. Il y a deux ans, au contraire, il n'y
avait pas d'isthme du tout ; le massif était un îlot, complétement séparé de la côte, par un petit bras de mer où
l'on trouvait des profondeurs de 4 ou 5 mètres. Les
marins même que nous avions pour nos sondages, sont
venus quelquefois y chercher un abri à cette époque. Enfin,
il y a cinq ans, les choses étaient dans l'état actuel.

On voit là un exemple remarquable de ces mouvements
de sables, devant les côtes, dont nous parlions plus haut,
et qui paraissent, du reste, n'avoir produit d'effet sensible que dans cette partie de la plage. Dans toute la région
qui avoisine l'Oued Dhamous, depuis le massif *M* jusqu'à

l'extrémité Est de la plage, nous avons retrouvé sensiblement, si nous pouvons nous exprimer ainsi, *l'état de lieux*
qui avait été signalé naguère sur les cartes de la marine.
Et en effet, comme nous l'avons vu, le contour de la plage
du côté de la mer, est ici à peu près sur la ligne générale de la côte : nulle part, elle n'offre de résistance aux
ondes poussées par les vents d'Ouest ou les vents d'Est,
et ces ondes, au lieu de l'attaquer ou d'y former des atterrissements, glissent sur ses parois, en entraînant même
les alluvions, peu importantes, apportées par l'Oued
Dhamous. Il n'y a donc pas de raison pour qu'il se pro-
duise de modification sensible.

A 300 mètres des rochers *M*, à l'Ouest, se trouve un autre
massif *N*, beaucoup moins important, immergé en grande
partie, mais émergeant sur trois points et relié également à
la plage par un isthme de sable. Entre ces deux massifs, la
côte s'arrondit et forme une espèce de crique, ayant environ 80 mètres de flèche dans sa plus grande largeur, avec
des fonds maxima de 4 mètres à l'entrée, ouverte aux
vents d'Ouest et spécialement aux vents dominants d'Ouest-
Nord-Ouest ; ouverte aussi aux vents du Nord, qui ne
rencontrent d'autre obstacle qu'un rocher sans importance, *P*, et un autre massif sous-marin assez considérable, mais distant de 400 mètres, *E*.

Ces rochers *Q* sont presque entièrement immergés ;
nous en représentons la trace, au fond de la mer, au
moyen d'une ligne ponctuée : sur un point seulement ils
émergent et forment brisant ; ce point émergeant fait
partie d'un banc puissant, dont l'épaisseur varie de
10 à 15 mètres, et qui a 100 mètres de long, 10 mètres
à l'Ouest du brisant, 90 mètres à l'Est ; il est arasé assez
régulièrement à 5 ou 6 mètres au-dessous du niveau de
l'eau ; nous le figurons, sur notre plan, par une ligne

ponctuée d'une façon particulière. Les autres assises de grès parallèles se présentent avec une très-grande irrégularité : la sonde ne les rencontre généralement qu'à des profondeurs de 8 à 10 mètres, ce qui indique qu'elles ont été en grande partie emportées par les eaux, car la profondeur normale de la mer, en cette région, varie de 12 à 15 mètres. Quelquefois, elles paraissent avoir entièrement disparu ; la sonde accuse un fond de sable. Dans leur ensemble, elles forment une sorte de carré de 110 mètres de côté.

Enfin, nous avons relevé, à 125 mètres à l'Est des rochers M, et, à 50 mètres de la côte, un dernier groupe R d'assises sous-marines, qui, sur quatre points seulement, viennent se montrer à la surface de l'eau. Ces assises, dans leur ensemble, forment en plan une sorte de triangle que nous indiquons par une ligne ponctuée.

Nous aurions voulu pouvoir ajouter à ces divers renseignements des indications précises sur la composition géologique du fond même de la mer, sur la nature des terrains au-dessus desquels se trouve la couche de sable trouvée dans nos sondages; mais nous n'avions ni le temps de faire cette recherche, ni les appareils indispensables pour l'entreprendre.

Nous allons maintenant rechercher ce qu'il convient le mieux de faire, dans la situation que nous venons d'exposer, pour l'embarquement des minerais amenés par le chemin de fer à l'embouchure de l'Oued Dhamous.

C. — DE L'EMBARQUEMENT DANS LES CIRCONSTANCES ACTUELLES. — ANALOGIE AVEC L'EMBARQUEMENT SUR LES COTES D'ESPAGNE ET SUR CELLES DE L'ILE D'ELBE.

Voyons d'abord à quelles conditions l'embarquement est possible dans les circonstances actuelles, qui ressemblent à celles que rencontraient naguère les minerais de cuivre à la baie des Beni-Haoua.

D'après ce que nous avons vu, des navires de 1,000 tonneaux peuvent venir jeter l'ancre, sur des fonds de sable, à 100 mètres environ de la côte, et y recevoir le minerai que leur porteraient des chaloupes chargeant à la plage même. Ce procédé, si primitif, a été employé même pour les minerais de fer, sur plusieurs points; sur la côte d'Espagne, notamment, on a obtenu de cette façon des résultats vraiment très-acceptables; on a bien voulu nous les communiquer et nous allons les reproduire.

Les chaloupes de 4 à 7 tonneaux viennent s'échouer sur la plage; des manœuvres prennent le minerai sur les piles, en emplissent des couffins et les portent ainsi aux bateaux, en entrant dans l'eau jusqu'au-dessus du genou. Ils reçoivent pour ce travail 0 fr. 43 c. par tonne. Une fois chargées, les chaloupes portent les couffins au navire qui est au large. Ce navire les reçoit, les décharge à fond de cale, et les rend vides aux bateaux, qui les rapportent à la plage pour recevoir un nouvel embarquement. Cette seconde opération est payée 0 fr. 80 c., pour les navires à voiles, et 0 fr. 88 c. pour les navires à vapeur, qui réclament un chargement plus rapide. En tout, c'est une dépense de 1 fr. 23 c. pour les navires à voiles, et de 1 fr. 31 c. pour les navires à vapeur. Ces prix sont payés à des entrepreneurs, qui se chargent de la fourniture des bateaux et des couffins.

On peut ainsi, par beau temps, embarquer 250 tonnes par jour, avec 6 embarcations. On pourrait donc charger 1,000 tonneaux en un jour avec 24 chaloupes ; et, comme nous avons vu qu'il y a, en définitive, plus de 200 jours de beau temps sur la côte d'Afrique, en admettant seulement que l'on travaillât 150 jours, on voit que ces 24 chaloupes seraient plus que suffisantes pour charger, chaque année, les 108,000 tonnes de minerai amenées sur la plage.

Nous ne pouvons garantir les prix de 1 fr. 23 c. et 1 fr. 31 c. par tonne sur la côte d'Afrique ; mais on se mettra sans doute à l'abri de tout *alea*, en comptant 2 FRANCS.

L'inconvénient d'une méthode semblable se trouve dans l'augmentation du fret, plutôt que dans l'augmentation des frais d'embarquement proprement dits. Tandis, en effet, qu'un bâtiment, dans un port bien outillé, reçoit aisément 1,000 tonnes par jour, il lui sera bien difficile, presque impossible, en rade foraine, d'arriver à un pareil résultat ; dans la pratique, on devra s'estimer heureux de charger 250 tonneaux par jour, et par conséquent, pour prendre 1,000 tonneaux, le bateau restera, en charge, *quatre* jours au lieu d'*un*, c'est-à-dire *trois* jours de plus.

Supposons que le navire coûte 500,000 fr., ce capital, au taux de 10 0/0, qu'il convient de compter pour l'annuité d'amortissement, représentera, par jour, un intérêt de 140 francs environ, soit, pour trois jours, 420 fr., ou, par tonne de minerai embarqué, 0 fr. 42 c.

En outre, le bateau devant lui-même enlever le minerai dans les chaloupes qui viennent l'accoster, et le descendre à fond de cale, au moyen de grues, ou par tout autre procédé, doit faire payer ce travail à l'expéditeur, au moins 0 fr. 25 c. par tonne, ainsi que nous l'avons vu faire par des Compagnies de chemin de fer en Angleterre, pour des chargements de charbon, dans des conditions plus simples.

Enfin, il y a les risques du mauvais temps : le navire peut être surpris avant d'avoir terminé un chargement, et forcé d'aller, dans le port voisin, chercher un abri pour revenir ensuite sur la rade, ou bien de se rendre à destination avec un chargement incomplet. Il est difficile d'estimer exactement cet élément d'augmentation, Mais nous ne croyons pas qu'on doive l'évaluer à moins de 1 franc.

Pour apprécier la différence entre les prix de revient de l'enlèvement des minerais dans un port, et celui de l'enlèvement des minerais en rade foraine, il faudrait donc, à la différence des frais de chargement proprement dits, ajouter environ 1 fr. 75 c. ou 2 francs, et ceci, en dehors de toute considération commerciale, faisant varier le prix du fret entre tel port et tel autre port géographiquement semblable.

Cependant, nous le répétons, ce procédé est employé sur plusieurs côtes pour les minerais de fer, et si l'on a opéré sur une petite échelle à la côte d'Espagne, on a fait, sur la côte de l'île d'Elbe, des chargements considérables, avec des méthodes qui ne sont guère préférables ; nous ne pensons pas que, somme toute, il y ait une grande différence entre la côte d'Espagne, la côte de l'île d'Elbe, et celle où nous nous trouvons en Algérie, où, du moins, s'ils n'ont pas d'abri, les navires ont la plus grande facilité pour prendre le large en cas de mauvais temps ; et, avec des marchés convenables, nous ne voyons rien qui s'oppose à ce que l'on commence l'exploitation avec chargement en rade.

Mais nous ne considérons une semblable façon de procéder que comme tout à fait provisoire.

Nous croyons que l'embarquement des minerais de Beni-Aquil appelle la construction d'un petit port dans le voisinage de l'embouchure de l'Oued Dhamous. Ce sera le complément de la solution des transports économiques, déjà si avancée par l'établissement du chemin de fer ; et, les dépenses occasionnées par ces travaux, ajoutées au prix des 15,3 kilomètres de voie ferrée, formeront vraisemblablement une somme encore inférieure au prix de revient du chemin de fer seul construit par la Compagnie des mines de Mockta, pour gagner un port très-médiocre.

Ces travaux, du reste, ne devront être entrepris qu'après des études minutieuses faites sur place, et il vaudra mieux subir, pendant quelque temps, des frais d'embarquement et de fret plus élevés que de s'exposer à adopter des combinaisons fâcheuses.

D. — Système d'embarquement a adopter.

De la création d'un port à 1 kilomètre de l'Oued Dhamous, sur la rive gauche, — ou à 3 kilomètres 1/2 sur la rive droite, — ou, à l'intérieur, à 500 mètres de la mer.

La création d'un port est, en effet, une chose délicate, et souvent on est tombé à ce sujet dans des erreurs graves, malgré des études longues et pénibles. Avant d'entreprendre un pareil travail, il faut se rendre un compte exact de la direction et de l'effet des vents, des mouve-

ments de la mer, résultant soit de l'effet de ces vents, soit
de l'action des courants, du gisement de la côte, de la tenue
du rivage, où l'on peut avoir à redouter soit des déchi-
rures, soit, au contraire des atterrissements, de la nature
du sol et du sous-sol au-dessous des eaux, etc. Tout cela
demande, sur un même point, des observations que le
temps seul peut permettre de mener sûrement à bonne
fin.

Nous ajouterons que, dans le cas particulier où il s'agit
d'un établissement industriel, la question se complique
forcément au point de vue financier.

Lorsque l'État crée un port sur un point donné, il se
place nécessairement sur le terrain d'un intérêt *permanent;*
en considérant les services que ses travaux pourront
donner au commerce et à l'industrie, leur *produit* en un
mot, il compte sur un rendement d'une durée indéfinie.
Il y a plus, il compte que le rendement immédiat, qui sert
de base à ses évaluations, ira constamment en se déve-
loppant. Cette façon de raisonner lui permet d'établir largement ses calculs, et, par conséquent, de se mettre plus
facilement à l'abri des dangers que ses études lui ont
révélés.

Il ne saurait évidemment en être de même dans une
affaire industrielle, dont la production ne doit pas être
considérée comme indéfinie, et où il faut envisager le port
comme *une machine* dont le prix sera amorti en un nombre
d'années relativement restreint.

Nous nous sommes efforcé de faire le plus grand nombre
d'observations pendant notre séjour sur la plage de l'Oued-
Dhamous, et ensuite de les compléter, autant que possible, tant à Alger qu'à Paris, à l'aide des documents,
sur la côte de l'Algérie, que nous avons pu nous procurer. Nous espérons, en réunissant ici ces divers éléments,

avoir planté des jalons qui faciliteront le travail dont nous parlions tout à l'heure ; mais nous sommes, moins encore que pour le chemin de fer en mesure de présenter, dès aujourd'hui, *un projet* du port qu'il y aura lieu, croyons-nous, d'établir un jour.

Nous indiquerons seulement quelques solutions qui nous paraissent particulièrement mériter une étude détaillée, et entre lesquelles, peut-être, il y aura lieu de choisir lorsque l'on voudra établir un mode d'embarquement définitif.

Nous ferons connaître ensuite la méthode qui nous paraît devoir être adoptée, dès maintenant, comme système provisoire, pour améliorer le chargement à la côte, en attendant la construction du port.

Nous avons été amené à faire des sondages, dans la région où se trouvent les rochers que nous avons décrits, par l'espoir que nous avaient donné des officiers de marine qu'il serait possible d'utiliser la petite crique formée entre les rochers M et N. Les modifications subies par cette crique, par suite des mouvements de sable, nous ont tout d'abord enlevé une grande partie de nos espérances ; et lorsque, au milieu de nos opérations, est survenu le mauvais temps de la fin d'octobre, nous avons perdu toute confiance. Sous l'action d'un vent Nord-Ouest, cette prétendue crique était, croyons-nous, la partie la plus agitée de la côte. « L'eau bout là comme dans une marmite, » nous disaient nos marins dans les loisirs forcés que nous laissait l'état de la mer.

Nous avons voulu cependant achever nos sondages afin de pouvoir, du moins, connaître entièrement, sur un point, le régime de la côte, et aussi dans l'espoir qu'il serait possible de tirer parti de quelques-uns des rochers qui se trouvent dans cette région.

Le massif M, en effet (pl. IV), ayant une longueur de 90 mètres perpendiculairement à la côte, et faisant lui-même suite à un isthme qui n'a pas moins de 70 mètres de long, on a là un avancement de 160 mètres, sur la ligne générale de la plage, qui conduit immédiatement aux fonds de 6 mètres. Cette espèce de jetée naturelle produit déjà un certain abri, et, pendant les vents violents de la partie Ouest dont nous avons été témoin, la mer, près de la côte, entre les rochers M et les rochers R, était sensiblement moins agitée. En la prolongeant de 300 mètres, suivant une ligne courbe $U\,V$, se dirigeant successivement vers le Nord et le Nord-Est, on aurait une étendue de 3, 5 hectares environ, dans laquelle on serait à l'abri, à la fois des vents de l'Ouest qui, comme on se le rappelle, soufflent à peu près deux jours sur trois, et des vents du Nord, qui sont les vents dominants dans les tempêtes.

En faisant partir de la côte, en un point situé à 700 mètres de l'Oued Dhamous, une jetée rectiligne $X\,Y$ se dirigeant vers le Nord-Nord-Ouest, à laquelle on donnerait 240 mètres de long, on se mettrait à l'abri des vents d'Est, sauf, bien entendu, dans la petite partie restée en face de la passe de 75 mètres, ménagée entre les deux jetées pour l'entrée des navires.

Dans ce port, à l'abri de tous les vents, le chargement se ferait, en général, par la jetée de l'Est, sur laquelle le chemin de fer, descendant la vallée de l'Oued Dhamous, viendrait aboutir, de façon à permettre, au besoin, le déchargement immédiat dans les navires.

Quel serait le prix de revient de cet établissement ?

Nous ne pouvons, en ce moment, répondre à cette question d'une façon précise.

Nous croyons que la jetée de l'Est *X Y*, dont la profondeur varierait de 0 à 7^m,80, pourrait être construite entièrement avec des blocs naturels, provenant des grès de la falaise, à raison de 500 francs le mètre courant, environ, soit pour 240 mètres . . . . Fr. 120.000

La jetée *U V*, du Nord-Ouest, reviendrait sans doute, à peu près à 1,000 francs le mètre courant, si les blocs naturels étaient suffisants ; à 2,000 francs, s'il fallait employer des blocs artificiels, ce qui donnerait, pour une longueur de 300 mètres, dans le premier cas. . . . Fr. 300.000

Et dans le deuxième 600.000

Finalement, on aurait :

1° Dans le cas où les blocs naturels suffiraient pour les deux constructions :

240 mètres de jetée à l'Est, à 500 francs le mètre courant. . . . . Fr. 120.000

300 mètres de jetée, au Nord-Ouest, à 1,000 francs . . . 300.000

Total. . . . . Fr. 420.000

2° Dans le cas où la jetée de l'Est seule pourrait être faite avec des blocs naturels :

240 mètres de jetée, en blocs naturels, à 500 francs. Fr. 120.000

300 mètres avec blocs artificiels, à 2,000 francs. 600.000

Total. . . . . Fr. 720.000

Dans le cas où la jetée du Nord-Ouest ne pourrait être construite entièrement avec des blocs naturels, il y aurait lieu d'étudier une jetée en partie à claire-voie, qui pourrait être faite avec des pieux en fer, suivant la méthode de M. A. Mitchell. Ce système de construction a donné en Angleterre d'excellents résultats pour la construction des phares et des jetées à la mer, et a été employé, notamment en 1847 ;

dans la construction d'une jetée destinée à améliorer le port de *Courtown*, sur la côte de Wexford, en Irlande. La nouvelle jetée, qui fait suite à une jetée en maçonnerie, a 80 mètres de long et 5m,64 de large; elle porte deux voies de fer parallèles avec plaques tournantes, débarcadères, etc., et a coûté, y compris tous ses accessoires, 103,750 francs, soit 1,300 francs par mètre courant. Elle coûterait certainement moins aujourd'hui, malgré le prix élevé du fer, à cause des progrès réalisés dans ces sortes de travaux, et il est permis d'espérer que l'on pourrait, à l'Oued Dhamous, construire une jetée formée de pieux en fer avec enrochements, sans dépasser le prix de 1,000 francs par mètre, ce qui ramènerait au prix indiqué ci-dessus pour la jetée en blocs naturels.

La jetée de Courtown a complétement réussi, ainsi que l'ont démontré, dès les premières années de son existence, trois hivers très-orageux dont elle a parfaitement supporté les coups de vent; pas une seule partie des pieux à vis, ou de la charpente proprement dite, n'avait été endommagée, quoique les lames eussent été assez fortes pour arracher quelques bordages du passavant, et même pour soulever un truck sur le chemin de fer, et les renverser sur la jetée (1).

Nous croyons donc que, malgré les vents violents que l'on trouve parfois sur la côte de l'Algérie, une pareille jetée y résisterait parfaitement. Devant la plage de l'Oued Dhamous, les fonds de sable rendraient facile le fonçage des pieux qui s'y engageraient solidement, et, ces pieux étant en fer, on serait à l'abri de l'attaque des tarets ou autres vers marins.

(1) Voir à ce sujet, dans les *Annales des ponts et chaussées* en particulier, les publications si pleines d'intérêt du regretté M. Chevalier, inspecteur général.

Quel que soit le système adopté pour la construction du port, aux chiffres que nous avons indiqués il y aurait encore deux éléments à ajouter.

D'abord il faudrait prolonger le chemin de fer de l'Oued Dhamous jusqu'à la jetée de l'Est, ce qui augmenterait la largeur de la voie de 850 mètres environ. La superstructure coûtant 15 fr. 52 c. le mètre, ce serait d'abord une dépense de 13,192 francs. Les 850 mètres d'infrastructure se composeraient de 594 mètres de chemin établi sur la plage, et d'un pont de 256 mètres sur l'Oued Dhamous. Le prix de revient du chemin sur la plage serait très-peu élevé, soit 1 franc par mètre, ou, pour 594 mètres, 594 francs. Le pont serait établi d'après le type que nous avons indiqué : ce serait la travée de 8 mètres répétée 32 fois, ce qui donnerait en tout 256 mètres; nous pensons qu'avec des piliers de 4 mètres de haut, on pourrait placer le tablier à 3,^{m}00 au-dessus du lit de la rivière, en conservant 1,^{m}00 pour les fondations. Le prix d'un pareil pont s'établirait ainsi :

256 mètres de tablier, à 105 fr. le mètre. . . . . Fr. 26.880
33 piliers pour 32 travées, à 300 fr. 9.900

Fr. 36.780

On aurait donc, pour les 850 mètres de chemin de fer supplémentaires :

850 mètres de superstructure, à 15 fr. 52 c. . . . Fr. 13.192
594 mètres d'infrastructure sur la plage, à 1 fr. 594
Pont de 256 mètres de long. 36.780
Somme à valoir 1.434

Fr. 52.000 (1)

(1) Nous ne comptons rien pour le matériel roulant, parce que le

Il faudrait, en outre, disposer la jetée de l'Est pour l'embarquement. Cet embarquement, selon nous, devrait pouvoir se faire de deux façons : 1° en amenant les wagons partis de l'Oued Targilet jusque sur le bord des navires lorsqu'il s'en trouverait en charge; 2° en reprenant, à l'aide d'une petite voie spéciale et d'un matériel spécial, les minerais mis en dépôt sur la plage, quand le déchargement immédiat des wagons dans les navires serait impossible.

Dans les deux cas, il faudrait procéder à un embarquement très-rapide, au minimum de 1,000 tonnes par jour, et, pour cela, avoir un matériel d'embarquement choisi, des grues à vapeur, ou mieux encore les *tips*, les *drops* que nous avons vus donner de si bons résultats en Angleterre, pour l'embarquement des charbons.

L'installation d'un *tip*, avec ses accessoires, coûterait environ 20,000 francs; il conviendrait d'en avoir deux, soit 40,000 francs.

Il faudrait encore, comme matériel d'embarquement, 240 mètres de grande voie sur la jetée de l'Est, pour conduire directement les grands wagons aux navires, à 15 fr. 52 c., soit 3,725 francs ;

Plus une petite voie spéciale, pour le chargement des minerais d'approvisionnement, environ 320 mètres sur la plage et 480 mètres sur la jetée, où la voie serait double : le prix de revient d'une telle voie, avec ses accessoires, serait de 7 francs, mais, sur la jetée, l'une de ces voies serait établie en mettant à profit la grande voie, et nous ne la compterons qu'à 2 fr. 50 c.; on aurait ainsi 560 mètres de

---

matériel que nous avons proposé pour le chemin de fer pourrait desservir 850 mètres de plus sans modification sensible dans les conditions du service.

voie à 7 francs, soit 3,920 francs, et 240 mètres de voie à 2 fr. 50 c., soit 600 francs : en tout, pour la petite voie, 4,520 francs.

Il faudrait de petits wagons : le service serait assuré avec 60, pouvant porter chacun 1 tonne; ces wagons coûteraient 400 francs chacun, soit pour les 60, 24,000 francs.

Enfin, il faudrait quelques travaux d'appropriation au massif M, et des enrochements à l'isthme qui le réunit à la côte; pour ces travaux et autres imprévus, et aussi pour intérêts des sommes dépensées avant la mise en exploitation, nous compterons une somme à valoir de 57,755 francs.

En somme, on aurait, pour prix de revient du port et de ses accessoires :

1° Dans le cas de l'emploi exclusif des blocs naturels ou des jetées à claire-voie :

Construction des jetées . . . . Fr.	420.000 »
Prolongement du chemin de fer	52.000 »
Installation de deux *tips*, pour embarquement rapide à 20,000 francs.	40.000 »
Construction de voies ferrées diverses.	8.245 »
Achat de 60 petits wagons, à 400 francs.	24.000 »
Somme à valoir	55.755 »
Total. . . . . Fr.	**600,000** »

2° Dans le cas de l'emploi de blocs artificiels :

Le prix ci-dessus. . . . . Fr.	600.000 »
Et en plus.	300.000 »
Total. . . . . Fr.	**900,000** »

Ainsi, dans l'emplacement que nous considérons, l'établissement d'un port d'une superficie de 3,5 hectares coûterait, à peu près, de **600,000** à **900,000 francs**.

Voyons à quelles conditions ce port permettrait de faire l'embarquement.

Nous allons supposer le cas le plus défavorable, celui où il faudrait reprendre les minerais sur la plage, et les conduire au navire avec les petits wagons ; de cette façon nous obtiendrons un chiffre trop élevé, en moyenne, puisqu'il arrivera souvent que les grands wagons viendront directement, depuis l'O. Targilet, se décharger dans le navire.

Nous compterons 0 fr. 030 pour le chargement des petits wagons, et 0 fr. 020 pour le transport au navire qu'ils auraient à faire, à une distance moyenne inférieure à 200 mètres.

Les frais d'embarquement proprement dit, avec les appareils perfectionnés que nous proposons, seraient très réduits.

En Angleterre, avec les tips, appareils à contre-poids, que trois hommes et un cheval peuvent manœuvrer aisément, le prix de revient de l'embarquement de 1 tonne de charbon descend à 0 fr. 021.

Avec les drops hydrauliques de Sunderland, les prix ne s'élèvent qu'à 0 fr. 025.

Nous ne pouvons compter sur ces prix, parce que les appareils ne fonctionneraient pas avec la même régularité qu'en Angleterre, mais en les *doublant*, en comptant 0 fr. 050 par tonne, nous serons sans doute bien large.

Pour amortir, en quinze ans, le capital de 600,000 fr., l'intérêt étant à 6 0/0, il faudrait payer chaque année une somme de 61,800 francs, c'est-à-dire compter par tonne, comme élément de prix de revient, 0 fr. 572.

Pour amortir le capital de 900,000 francs, il faudrait annuellement 92,700 francs, soit, par tonne, 0 fr. 858.

Si l'on comptait annuellement, pour l'entretien des travaux, 2 0/0 du prix d'établissement, soit 12,000 francs dans le premier cas, et 18,000 francs dans le second, on aurait, de ce fait, par tonne de minerai embarqué, une dépense de 0 fr. 111 ou 0 fr. 166.

Le prix de revient total de l'embarquement s'établirait donc ainsi :

1° Dans le cas de l'emploi exclusif des blocs naturels, ou de la jetée à claire-voie :

Reprise, dans les petits wagons, du minerai mis en dépôt sur la plage . . . . Fr.	0.030
Transport au navire	0.020
Embarquement.	0.050
Amortissement, en quinze ans, du capital de premier établissement	0.572
Entretien	0.111
Frais généraux et imprévu	0.017
Total.	**0.800**

2° Dans le cas de l'emploi des blocs artificiels :

Reprise, dans les petits wagons, du minerai mis en dépôt sur la plage . . . . Fr.	0.030
Transport au navire	0.020
Embarquement.	0.050
Amortissement, en quinze ans, du capital de premier établissement	0.858
Entretien	0.166
Frais généraux et imprévu	0.026
Total.	**1.150**

Soit une dépense de **80** CENTIMES à **1** FRANC **15** CENTIMES.

Si l'on admet que l'embarquement, dans les circonstances

actuelles, puisse se faire à raison de 1 fr. 31 c., comme
sur la côte d'Espagne, on trouvera peut-être que les
chiffres ci-dessus ne présentent pas une très-grande économie; mais nous rappelons ce que nous avons dit au
sujet du fret : *avec le port, le fret se trouvera abaissé de 1 fr.
75 c. ou de 2 francs.* En outre, nous ferons remarquer
qu'une période de quinze ans est très-courte, pour l'amortissement du prix de revient de semblables travaux;
lorsque l'on se décidera à entreprendre un port, on
sera peut-être en mesure de reporter l'amortissement sur
un nombre plus considérable d'années.

Derrière la colline qui livre à l'Oued Dhamous ce
passage singulier dont nous avons parlé plusieurs fois, il
existe, sur la rive droite, une surface sensiblement plane,
élevée de 2 mètres, à peu près, au-dessus du lit de la
rivière, ayant sensiblement la forme d'une demi-ellipse
dont le grand axe, placé sur le bord même de la rivière, aurait 1,250 mètres de long, et le petit axe
400 mètres. Ce terrain, que nous indiquons sur la pl. IV
par la lettre *S*, est complétement entouré, sauf du côté
de l'Oued Dhamous, par des montagnes s'élevant en
amphithéâtre à des hauteurs différentes, et comme la rive
opposée est elle-même bordée de montagnes, il se trouve,
en définitive, abrité de tout côté par la nature.

Il n'est séparé de la mer que par une distance de
500 mètres, et, si l'on y creusait un bassin, dont, au
moyen d'un canal placé dans le lit de l'Oued Dhamous,
on assurerait la communication avec la mer, on aurait
assurément un excellent port. Mais, ici encore, les éléments nous manquent pour donner, au sujet de ce travail,
des chiffres précis.

Nous présenterons seulement quelques observations qui
nous paraissent devoir attirer l'attention sur cette solution.

On se rappelle que l'Oued Dhamous a un débit extrêmement faible, et que, même durant les grandes pluies
du mois d'octobre dernier, la hauteur de ses eaux, au-
dessus du lit, ne dépassait pas 0 ^{m}. 70. Il serait donc
très-facile de creuser dans ce lit un canal mettant la mer
en communication avec l'espace dont nous venons de parler, que l'on pourrait séparer entièrement de la rivière
sans déranger sensiblement le régime de celle-ci. Si même
on redoutait, pour l'entrée en mer de ce canal, les quelques alluvions apportées au moment des pluies, rien ne
serait plus aisé que de détourner le cours d'eau sur la
rive gauche, à travers la plage, et de le faire déboucher
aussi loin du canal qu'on le voudrait. Ce dernier travail
ne coûterait que quelques milliers de francs.

Le lit de la rivière étant à peu près, dans cette partie,
à 1 mètre au-dessus du niveau de la mer, en donnant au
canal une profondeur de 6 mètres, on obtiendrait un tirant
d'eau de 5 mètres, qui assurerait un passage facile à des
bateaux à vapeur de 1,000 tonneaux. Ces bateaux n'auraient jamais, sans doute, plus de 11 à 12 mètres de largeur au maître bau, car les plus grands navires (Great-
Eastern excepté) n'atteignent guère que 16 mètres (1);
une largeur de 16 mètres, au plafond du canal, serait
donc suffisante (2).

On trouverait, sans doute, presque partout un sol de
sable et de gravier, avec un peu d'argile, et on pourrait établir les talus avec 1 1/2 de base pour 1 de hauteur, ce qui donnerait une ligne d'eau de 34 mètres, et,
par mètre courant, un déblai de 150 mètres cubes, soit,
pour 500 mètres, 75,000 mètres cubes.

Le bassin serait formé à la partie Nord de l'espace semi-

(1) Bien entendu, nous ne parlons pas de navires à roues.
(2) A l'isthme de Suez, on a donné 22 mètres.

elliptique que nous avons décrit ; il aurait à peu près la forme d'un triangle rectangle, dont l'hypoténuse serait remplacée par un arc de l'ellipse, et dont l'un des côtés serait le prolongement de la rive gauche du canal. On déterminerait la longueur de ce côté, de façon que le triangle en question présentât à son plafond environ 3.5 hectares, ce qui donnerait une ligne de 275 mètres à peu près. Les talus seraient réglés comme ceux du canal.

Le niveau moyen du terrain étant à 2 mètres au-dessus du lit de l'Oued Dhamous, c'est-à-dire à 3 mètres au-dessus de la mer, pour obtenir dans le bassin une profondeur de 5 mètres, il faudrait faire un déblai d'une profondeur de 8 mètres, ce qui donnerait, pour tout le bassin, un cube de 325,000 mètres environ. En ajoutant les 75,000 mètres du canal, on voit que l'on aurait à faire en tout un déblai de 400,000 mètres cubes.

A quels prix ces déblais pourront-ils être exécutés ? Nous ne pouvons le dire exactement.

Avant le commencement des travaux, on avait évalué les déblais de l'isthme de Suez à 0 fr. 67 c., 1 franc, et 1 fr. 25 c. ; mais ces prix ont été bien dépassés par suite de diverses circonstances, notamment par suite de la rencontre de terrains rocheux et des rochers vifs de Chalouf et de Serapeum.

On peut penser que les déblais en question reviendraient à 1 franc le mètre cube, ce qui amènerait une dépense de 450,000 francs.

La profondeur de 5 mètres ne se trouvant en mer qu'à 100 mètres environ, il faudrait, pour l'atteindre, creuser un chenal dans le prolongement du canal, ce qui amènerait à faire un draguage de 6,000 mètres cubes environ. Dans l'avant-port du Havre, les draguages sont payés 1 franc pour les matières déposées par la mer, et 1 fr. 50 c.

dans les terrains vierges. En prenant ce dernier chiffre, on aurait une dépense de 9,000 francs.

Le long du chenal ainsi creusé, il faudrait, pour le protéger, établir, de chaque côté, une jetée en blocs naturels, à 500 francs le mètre courant, soit pour 200 mètres, 100,000 francs.

Il resterait à faire un mur de quai ou estacade, pour l'embarquement des navires, le long de l'un des côtés du bassin. Un pareil mur pourrait avoir à peu près 7 mètres de hauteur et 1^m, 20 de largeur moyenne, ce qui donnerait, par mètre courant, 8^{mc} 4 de maçonnerie, soit une dépense de 222 fr. 60 c., en comptant la maçonnerie à 26 fr. 50 c. Pour 100 mètres, on arriverait à 22,260 francs.

Enfin, il resterait l'installation des divers appareils d'embarquement, tips, voies ferrées, petits wagons, que nous avons évalués ensemble à 72,245 francs, et qui, plus faciles à installer ici, par suite de la disposition des lieux, pourraient coûter 65,000 francs.

Finalement, dans les hypothèses où nous sommes placés, la dépense se chiffrerait ainsi :

400,000 mètres cubes de déblais, à 1 franc . . . . Fr.	400.000
Draguage de 6,000 mètres, à l'entrée du chenal, à 1 fr. 50 c.	9.000
Construction de 200 mètres de jetée, à 500 francs, à l'entrée du chenal.	100.000
100 mètres de mur de quai pour l'embarquement des navires, à 222 fr. 60 c.	22.260
Appareils divers pour l'embarquement.	65 000
Somme à valoir pour détournement de la rivière, travaux imprévus, intérêt, avant la mise en exploitation, des sommes dépensées	53 740
Total. . . . . . . Fr.	650.000

Dans ce cas, le prix de revient de l'embarquement de 1 tonne de minerai, pour 108,000 tonnes par an, s'établirait ainsi :

Reprise, dans les petits wagons, du minerai mis en dépôt . . . . Fr. 0,030
Transport au navire 0,020
Embarquement 0,050
Amortissement, en quinze ans, du capital de premier établissement 0,619
Entretien, 2 0/0 du capital engagé 0,120
Frais généraux et imprévu. 0,061

Total par tonne de minerai embarqué. . . . . Fr. 0,900

En somme, le port creusé, au point que nous indiquons, pourrait coûter **650,000 francs**, et permettre l'embarquement de 1 tonne de minerai, à raison de **90 centimes**.

Enfin, une dernière solution que nous signalerons consisterait à prolonger le chemin de fer sur la côte, vers Cherchell, jusqu'à un point situé à 3,400 mètres de l'Oued Dhamous, que nous indiquons par la lettre A (pl. V), où l'on trouverait une sorte d'abri naturel contre une partie des vents de l'Ouest ou des vents de l'Est, et, d'après les cartes de la marine, des profondeurs satisfaisantes que nous faisons connaître sur notre plan ; on pourrait peut-être y établir un port dans des conditions meilleures que sur la rive gauche. Il nous a été impossible du reste, faute de temps, d'étudier aucunement cette partie de la côte, tant au point de vue du port à établir que sous le rapport du chemin de fer à construire. Nous ferons remarquer seulement, que la voie ferrée ne pourrait plus être établie ici au même prix que dans la vallée de l'Oued Dhamous ; après avoir quitté la plage, en effet, on trouverait 1,600 mètres au moins que l'on ne pourrait franchir qu'à l'aide de travaux importants.

Malgré cela, nous le répétons, il est possible qu'une solution avantageuse se présente de ce côté (1).

E. — SOLUTION PROVISOIRE PROPOSÉE.

Nous avons parlé plus haut d'améliorations à apporter au système de chargement sur rade en attendant la construction d'un port.

Ces améliorations consisteraient, selon nous, dans l'adoption d'une méthode bien simple, employée par les principaux négociants de la côte du Brésil, très-semblable, nous a-t-on dit, à la côte d'Afrique, et qui donne d'excellents résultats.

Il s'agit, tout simplement, de la construction de petites jetées à claires-voies, défendues en avant par des brise-lames, se prolongeant en mer, de façon à ce que les chaloupes puissent toujours les accoster. On y établit une petite voie, et des wagonnets vont porter les marchandises dans les embarcations chargées de les conduire à la mer. Le brise-lames n'est autre chose qu'une espèce de radeau, formé souvent avec de vieux bois de construction, avec d'anciens mâts de navires, etc., sur une longueur de 50

(1) Nous signalons encore l'extrémité Ouest de la plage ; peut-être pourra-t-on tirer parti de l'espèce de baie qui reste encore en cette partie de la côte et des rochers qui se trouvent à sa gauche (pl. IV); mais l'état d'agitation dans lequel nous avons vu cette *baie*, au moment de nos observations nous a laissé peu d'espoir de ce côté.

à 100 mètres. Avec une seule jetée de ce genre, on peut charger 35 à 40,000 tonnes par an.

On comprend que cette méthode n'entraîne pas dans de grands frais.

Devant la plage de l'Oued Dhamous, une pareille jetée, placée aux environs du point T (pl. IV), devrait avoir 30 mètres de long; elle coûterait environ 4,000 francs, non compris le prix d'achat d'une sonnette qui serait payée 1,000 francs. En admettant que l'on en établisse trois, parallèles l'une à l'autre, distantes entre elles de 20 mètres, ce sera une dépense de 12,000 francs. Si l'on place en avant un brise-lames, en forme de radeau, de 80 mètres de long, on aura construit une sorte de petit port pour les chaloupes, qui pourront rester presque constamment à la mer; ce brise-lames pourra être établi pour 6,000 francs.

Il serait bon d'avoir en outre en rade, pour attacher les navires, deux corps morts, d'une valeur de 1,000 francs chacun.

Enfin, nous compterions une somme de 1,500 francs pour construction d'une sorte de petite jetée, en maçonnerie, destinée à la mise à l'eau des chaloupes, et une autre de 1,000 francs, pour accessoires destinés à faciliter l'embarquement.

Pour amener les minerais aux jetées, il faudrait environ 600 mètres de petite voie à 7 francs, et 60 petits wagons à 400 francs.

En récapitulant ces divers éléments de dépense, et en y ajoutant une somme à valoir de 4,300 francs pour travaux imprévus et intérêt, avant la mise en exploitation, des sommes dépensées, on voit que l'installation provisoire dont nous parlons coûterait **55,000 FRANCS**, à savoir·

3 jetées à 4.000 francs. . . . . Fr. 12.000 »
1 sonnette pour le battage des pieux. . . . . 1.000 »
1 brise-lames . . . . 5.000 »
2 corps morts, au large, pour le service des navires,
à 1.000 francs. . . . . 2.000 »
Petite jetée pour la mise à l'eau des chaloupes. . . . 1.500 »
Accessoires pour l'embarquement. . . . . 1.000 »
600 mètres de petite voie, à 7 francs. . . . . 4.200 »
60 petits wagons, portant une tonne, à 400 francs. . 24.000 »
Somme à valoir. . . . . 4.300 »

Total. . . . . Fr. 55.000 »

En admettant que les jetées servent, pendant trois ans, à embarquer 108,000 tonnes chaque année, pour amortir, pendant ce laps de temps, le capital de premier établissement (que nous supposerons porté à 25,000 francs au moyen d'une partie de la somme à valoir), il suffirait de compter, annuellement, une somme de 9,353 francs, soit 0 fr. 087 par tonne.

Le matériel de transport, d'une valeur de 30,000 francs, devant servir dans l'installation définitive, nous compterions, pour lui, sur un amortissement en quinze ans, comme dans nos autres calculs, ce qui donnerait une dépense annuelle de 0 fr. 029 par tonne (1).

Le prix de revient de la mise en chaloupe de 1 tonne de minerai serait donc ainsi déterminé :

Chargement des petits wagons. . . . . Fr. 0 030
Transport à une distance de 100 mètres. 0 010
Déchargement des wagons dans les chaloupes. 0 025
Amortissement, en 3 ans, du prix de revient des jetées . 0 087
Amortissement, en 15 ans, du matériel de transport. . . 0 029
Entretien, frais généraux et somme à valoir. 0 019

Total. . . . . Fr. 0 200

---

(1) Les frais de déplacement, la détérioration résultant de ce déplacement, seraient plus que compensés par la valeur restant aux jetées et à leurs accessoires.

Ce serait 23 centimes de moins que dans la méthode espagnole, dont nous avons parlé plus haut, c'est-à-dire une économie de plus de moitié.

Le transport des minerais de la jetée au navire se ferait sans doute également dans des conditions meilleures, parce que les chargements s'exécuteraient avec plus de régularité, de promptitude ; parce que, aussi, les chaloupes trouveraient la plupart du temps un abri entre les jetées et le brise-lames et auraient rarement besoin d'être remontées à terre (1). En comptant toutefois le prix de 0 fr. 88 c., que nous avons trouvé pour le cas des bateaux à vapeur, on n'aurait encore, pour le transport du minerai sous les vergues du navire, que 1 fr. 08 c.

Nous voulons, dans nos évaluations, forcer encore ce chiffre, et compter, pour frais imprévus, une somme de 0 fr. 52 c. qui, ajoutée au chiffre précédent, nous donnera finalement, pour prix de revient de l'embarquement de 1 tonne de minerai, à l'aide de la méthode provisoire, **1 FRANCS 60** CENTIMES.

F. — PRIX DE REVIENT FINAL DU TRANSPORT DE 1 TONNE DE MINERAI, DU CARREAU DE LA MINE AUX NAVIRES, DANS LES DIVERSES HYPOTHÈSES CONSIDÉRÉES.

Nous avons vu précédemment que le transport de 1 tonne de minerai, du carreau de la mine à la mer, coûterait 1 fr. 65 c. ; en ajoutant à ce chiffre les divers prix que nous avons trouvés en traitant la question d'embar-

---

(1) On trouvera probablement une autre cause d'économie dans l'emploi d'un remorqueur à vapeur pour conduire les chaloupes au navire.

quement, on voit que, dans les conditions indiquées :

Le transport de 1 tonne de minerai, du carreau de la mine au navire, *sous vergues*, coûtera :

1° Dans l'état actuel des choses, sans faire aucun travail, **1** fr. **65** c. + **2** francs, en tout. . . . . Fr. **3 65**

2° Avec les petites jetées provisoires et le matériel décrit au § E., **1** fr. **65** c. + **1** fr. **60** c., en tout. **3 25**

Et que le transport de 1 tonne de minerai, du carreau de la mine au navire, *à fond de cale,* coûtera :

1° Dans le cas d'un port construit avec des blocs artificiels, **1** fr. **65** c. + **1** fr. **15** c., en tout. . . . . Fr. **2 80**

2° Dans le cas d'un port creusé à 500 mètres de la côte, derrière la montagne, **1** fr. **65** c. + **0** fr. **90** c., en tout . . . **2 55**

3° Dans le cas d'un port construit exclusivement avec des blocs naturels, **1** fr. **65** c. + **0** fr. **80** c., en tout **2 45**

La construction d'un port abaisserait, en outre, le fret de 1 fr. 75 c. ou 2 francs par tonne (1).

---

(1) Nous ne voulons pas, à cause des variations que présente le fret *entre deux mêmes points,* pousser plus loin nos calculs : nous donnerons seule-

VIII. — Résumé et Conclusions.

L'exposé que nous venons de faire peut se résumer comme il suit :

La concession des mines de fer et des mines de cuivre de Beni-Aquil, d'une contenance de 4,500 hectares, se trouve presque tout entière dans la vallée de l'Oued Dhamous, sur le bord même de ce cours d'eau, environ à 17 kilomètres de la mer, en suivant les lignes de thalweg.

Les gisements ferrifères sont plus spécialement à la partie inférieure de la vallée, les gisements cuprifères à sa partie supérieure.

Le point principal des gisements ferrifères, connu sous le nom de *Gîte des Romains*, et dont les parties reconnues ont été évaluées à 1,500,000 tonnes de minerai, environ, se trouve à peu près au centre de la concession, sur le

---

ment, à titre de renseignement, les chiffres suivants, qui nous ont été communiqués à Oran, par une personne bien placée pour avoir des renseignements exacts. On pouvait, nous disait-on, compter pour prix de transport de 1 tonne de minerai :

D'Oran à Marseille. . . . . Fr. 12
— Dunkerque. 18
— Swansea. 18
— Cardiff. 18
— Newcastle 23
— Anvers. 22

Mais, ajoutait-on, ces chiffres seraient considérablement réduits si l'on combinait un transport de minerai avec un transport *d'alfa*, ou de toute autre matière analogue : dans ce cas, le fret d'Oran à Swansea, pour le minerai, pourrait descendre à 12 francs, et même plus bas encore.

On sait que la Société des mines de Mockta a fait, avec une puissante compagnie de navigation, un traité d'après lequel ses minerais sont, en grande partie, transportés de Bône à Marseille, au prix constant de 10 francs la tonne ; nous croyons que l'on fera très-bien, à Beni-Aquil, de conclure des traités analogues, et de s'assurer le transport d'une partie notable des minerais exploités, à un prix invariable, non-seulement pour Marseille, mais aussi pour un port anglais, tel que Cardiff ou Swansea.

bord de l'Oued Targilet qui se jette dans l'Oued Dhamous, à 2 kilomètres plus bas, à 15 kilomètres de la mer.

La manière rationnelle d'exploiter la concession consiste dans l'établissement, sur le bord de l'Oued Dhamous,
d'un chemin de fer qui recevrait, de distance en distance,
les produits des divers gisements, non-seulement des
gisements ferrifères, mais aussi des gisements cuprifères,
qui sont un peu plus loin de la rivière, et les conduirait
à la mer.

Envisagé particulièrement au point de vue de l'exploitation du Gîte des Romains, le chemin de fer que nous
proposons partirait sur la rive droite de l'Oued Dhamous,
en face le confluent de l'Oued Targilet, et descendrait à
la mer en se tenant constamment sur cette rive, avec une
pente *continue* de $0^m,005$ en moyenne, ne dépassant jamais $0^m,010$. Les travaux d'art, les terrassements seraient
peu importants, le rayon des courbes ne descendrait jamais en dessous de 100 mètres, et n'atteindrait cette
limite que très-exceptionnellement. La ligne entière aurait un développement de 15,300 mètres environ.

La voie aurait 1 mètre de large. Les rails, en fer, pèseraient 15 kilogrammes. Les locomotives, type Blanzy,
pèseraient 7 tonnes en charge; les wagons, semblables à
ceux de Mockta, pourraient porter 6 tonnes.

Le prix de revient de ce chemin de fer, y compris le
matériel roulant, pour une exploitation de 108,000 tonnes,
serait de **575,000** francs, soit à peu près **37,500** francs
par kilomètre (1).

_____

(1) A propos de ces chiffres et de ceux qui vont suivre dans ce
résumé, nous rappelons les réserves que nous avons dû faire dans le
cours de notre travail.

Le transport de 1 tonne de minérai, par cette voie, coûterait **8** CENTIMES PAR KILOMÈTRE, y compris l'amortissement, en quinze ans, des 575,000 francs du premier établissement, soit, pour 15 kilomètres 300, **1 fr. 23** c.

Le Gîte des Romains pourrait être relié au chemin de fer de plusieurs façons, notamment au moyen d'une voie aérienne, à câbles fixes, employée depuis de longues années aux carrières d'Argenteuil.

Pour une exploitation annuelle de 100,000 tonnes, l'installation de ces câbles, sur une longueur de 2 kilomètres, coûterait **50,000** FRANCS ; le prix de revient du transport de 1 tonne de minerai, serait de **21** CENTIMES PAR KILOMÈTRE, soit **42** CENTIMES pour les 2 kilomètres, y compris l'amortissement, en 15 ans, du capital de 50,000 francs.

En somme, on peut dire qu'en dépensant **625,000** FRANCS, on s'assurerait le moyen de transporter **1** tonne de minerai, du carreau de la mine à la mer, au prix de **1** FR. **65** c.

L'état de la côte, à l'embouchure de l'Oued-Dhamous, permettrait d'embarquer ce minerai sans rien changer à la situation actuelle.

Il n'y a pas d'abri, mais la côte est très-saine, les profondeurs excellentes ; des fonds de sable assurent des attaches solides; enfin, on a, en moyenne, par année, 200 jours de beau temps, pendant lesquels un navire de 1,000 tonneaux peut facilement tenir sur ses ancres à 100 mètres de la côte.

A un navire ainsi placé, le minerai pourrait être porté par des chaloupes, qui viendraient le prendre en s'échouant sur la plage. Le transport, sous vergues, du minerai pris sur la plage, coûterait vraisemblablement **2** FRANCS par tonne, *au maximum*.

En créant une sorte de petit port, pour les chaloupes, avec jetées et brise-lames, comme il y en a sur la côte du

7

Brésil, en se procurant un matériel de petit chemin de
fer et de wagons, on pourrait faire la même opération,
à un prix qui probablement n'atteindrait pas **1** FR. **60** c.,
y compris l'amortissement du prix de revient des travaux et du matériel, s'élevant ensemble à **55,000** francs.

Il ne faut pas oublier, toutefois, que, si ces façons d'opérer n'amènent pas, en définitive, pour l'embarquement
proprement dit, des frais exorbitants, elles augmentent
le fret d'une somme que l'on peut évaluer à 1 fr. 75 c. ou
2 francs par tonne, par suite de la durée de semblables
chargements, et de pertes de temps auxquelles les navires
sont condamnés, lorsque le mauvais temps les force de
lever l'ancre avant d'avoir achevé leur chargement. On ne
devra donc l'adopter que d'une façon provisoire, et en
attendant que l'on soit en mesure de construire un véritable port, qui sera, pour l'embarquement, quelque chose
d'analogue à ce que le chemin de fer est pour le transport.

Trois points semblent indiqués plus particulièrement
pour la construction de ce port :

L'un, à 1 kilomètre à gauche de l'Oued-Dhamous, l'autre,
à 3 kilomètres 1/2 sur la rive droite ; le troisième, enfin, à
500 mètres à l'intérieur, derrière une montagne qui, par
une anfractuosité curieuse, livre passage à la rivière.
Une étude détaillée, faite sur place, permettra seule d'établir exactement l'importance d'un semblable travail, tant
d'une façon absolue que par rapport à la concession. Nous
croyons qu'il faut compter sur une dépense de **600** à
900,000 FRANCS, en faisant entrer dans les évaluations,
outre le port proprement dit, tout le matériel d'embarquement. Si l'on voulait amortir de pareils chiffres en quinze ans
avec 108,000 tonnes par an, le prix de revient de l'embarquement s'élèverait encore de **80** CENTIMES à **1** FR. **15** c.
par tonne, mais on n'aurait plus à subir une augmentation de

fret de **1 FR. 75** C. ou **2 FRANCS**, résultant du chargement en rade foraine.

Finalement, en ajoutant aux différents chiffres indiqués ci-dessus le chiffre de 1 fr. 65 c., qui représente le prix du transport du carreau de la mine à la plage, on voit que :

1° Le transport de 1 tonne de minerai, du carreau de la mine au navire, *sous vergues*, en rade foraine, coûterait:

a Dans l'état actuel, sans faire aucune dépense. . . . .Fr. **3 65**

b En faisant des travaux dont l'ensemble s'élèverait à 55,000 francs (amortissement compris) **3 25**

2° Le transport de 1 tonne de minerai, du carreau de la mine au navire, *à fond de cale*, dans un port fermé, coûterait, amortissement compris. . . . . . Fr. **2 45** à Fr. **2 80**

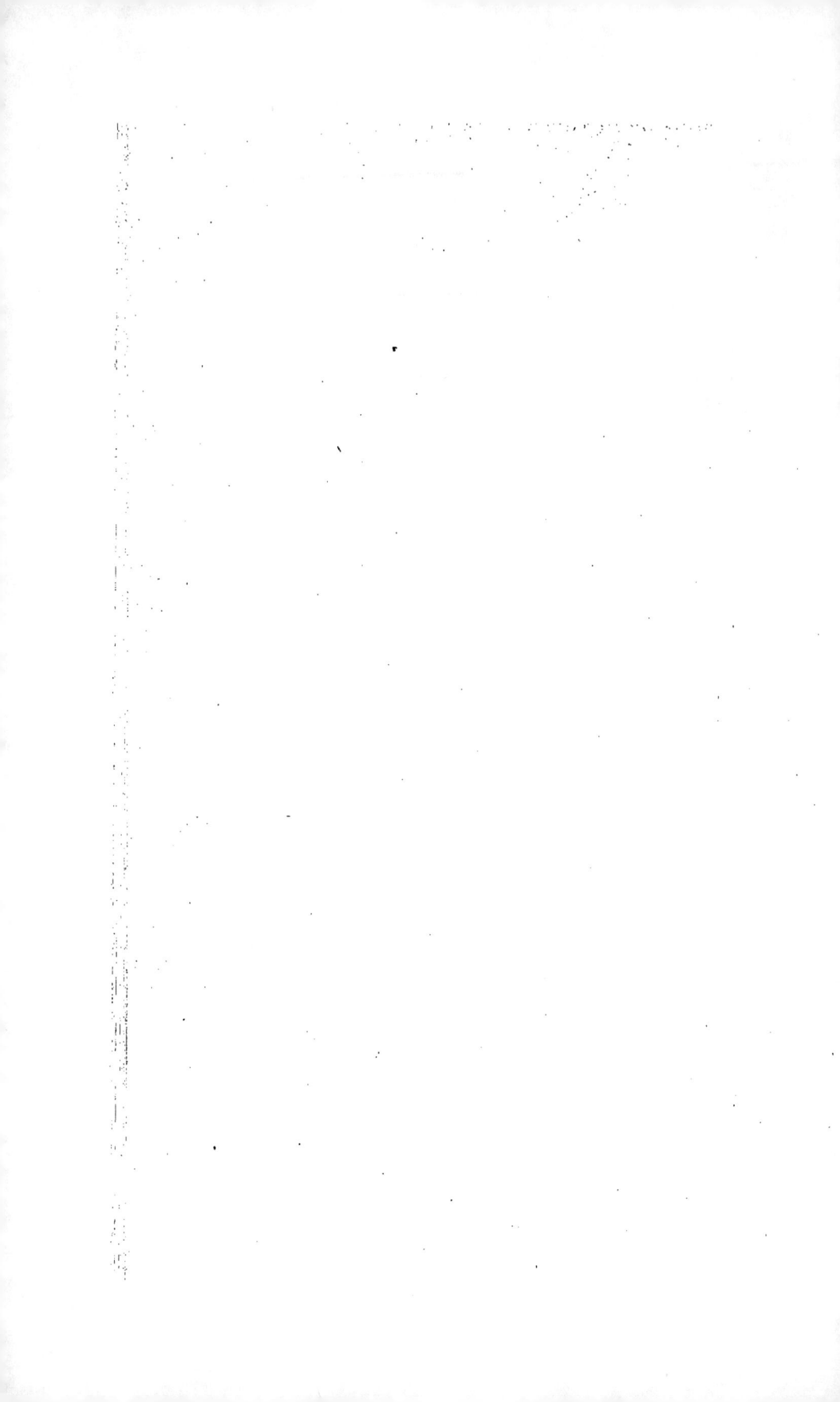

APPENDICE

Dans les calculs que nous avons faits ci-dessus, nous avons constamment supposé que la Compagnie concessionnaire des Mines de Beni-Aquil supporterait absolument seule les frais d'établissement des travaux dont nous avons parlé, et que ces travaux serviraient exclusivement aux mines de Beni-Aquil; nous avons même établi nos calculs, en envisageant exclusive- ment les minerais de fer.

Il y a lieu de penser, cependant, que les choses ne se pas- seraient pas ainsi.

D'abord, ainsi que nous l'avons indiqué, le chemin de fer peut servir tout aussi bien aux mines de cuivre qu'aux mines de fer, et on peut espérer que l'exploitation de celles-là sera reprise aussitôt après sa construction : M. Ville, ingé- nieur en chef des mines, à Alger, nous a exprimé d'une façon fort explicite sa confiance en leur avenir.

En second lieu, on peut espérer trouver des ressources en dehors même de la concession.

La route projetée de Cherchell à Ténez, dont nous indiquons le tracé sur notre planche II, est appelée à une grande im- portance : elle dessert quatre concessions, ou gisements des mines de fer ou de cuivre : *l'Oued Messelmoun*, les *Gouraya*, *Beni-Aquil*, enfin *l'Oued Allelah*, près de Ténez ; elle parcourt des terrains généralement fertiles, quoique montagneux, habités par une population laborieuse, et qui n'a aujourd'hui d'autres chemins que ces voies muletières dont nous avons parlé ; enfin elle traverse une tribu qui, en 1871 encore, était en insurrection : la tribu des Beni Menasser. Sa construction est donc réclamée par des considérations à la fois industrielles, agricoles et militaires ; aussi est-elle complétement décidée en principe, et il nous a été donné, à plusieurs reprises, de constater que l'État envisage la question comme nous-même. Dans divers entretiens, il nous a été répété que la situation actuelle du budget de l'Algérie empêche seule de l'entreprendre ; qu'on faciliterait, autant que possible, la construction d'un chemin de fer dans la vallée de l'Oued Dhamous, et que peut-être une entente pourrait avoir lieu dans le but de combiner la construction de l'infrastructure de ce chemin avec celle d'une partie de la route. Il pourrait donc y avoir, de ce fait, une certaine réduction dans le prix que nous avons indiqué pour l'établissement du chemin de fer.

Il est permis d'espérer aussi que le Gouvernement favoriserait la création d'un port, qui aurait pour lui, dans ces régions, une importance réelle.

Malgré l'état si défectueux des moyens de communications que nous avons décrits, il existe plusieurs marchés indigènes dans le pays, dont le climat est sain et qui a une population indigène assez considérable : la formation d'un important établissement industriel, l'établissement de voies de communications nouvelles leur donnerait certainement un grand développement, probablement en créerait d'autres. Le chemin de fer et le port pourraient en retirer un certain produit, qui viendrait diminuer d'autant les prix du transport du minerai. La forêt des Tacheta, dont nous avons parlé, aurait elle-même, dans bien des cas, avantage à chercher un débouché par le chemin de fer de l'Oued Dhamous, dont elle serait bien plus rapprochée que de la ligne d'Alger à Oran; aussi croyons-nous qu'il serait facile de s'entendre avec l'Administration des forêts, ou avec les entrepreneurs de l'exploitation, de façon à créer, à frais communs, un chemin carrossable de la forêt à la concession de Beni-Aquil.

Nous attachons une très-grande importance à la construction de ce court tronçon, qui n'aurait guère, comme nous l'avons dit, que 17 kilomètres, et mettrait Beni-Aquil en communication directe avec Alger, par la station des Attafs, déjà reliée aux Tacheta, au moyen d'un chemin carrossable de 28 kilomètres. Grâce à ce prolongement de 17 kilomètres, il serait aisé de faire, en une journée, le trajet des mines à Alger, et les inconvénients de toute nature résultant de l'isolement actuel de la concession se trouveraient considérablement diminués.

Nous avons admis que *tout* le produit des mines serait exporté à *l'état de minerai*. On pourra se demander néanmoins s'il n'y aurait pas avantage à transformer en fonte une partie de ce minerai, au moyen de combustible apporté d'Europe, comme complément de chargement pour les navires venant en Algérie. C'est ainsi qu'au Chili on traite le minerai de cuivre avec des charbons d'Angleterre. Avec le minerai de Beni-Aquil (1), pour faire une tonne de fonte, il faudra à

---

(1) Voici les résultats des analyses faites par M. Rioult, chimiste au bureau des essais de l'École des mines, sur divers échantillons que nous avons recueillis en différentes parties des gisements ferrifères :

	N° 1.	N° 2.	N° 3.	N° 4.
Silice	5.30	2.00	1.50	2.00
Alumine	1.30	1.00	0.50	0.30
Peroxyde de fer	82.60	82.30	74.60	76.00
Oxyde de manganèse . . .	4.60	3.60	4.00	3.00
Chaux	0.50	3.60	3.90	8.00
Magnésie	0.30	0.50	1.00	0.60
Acide sulfurique	0.11	Traces.	0.05	0.18
Acide phosphorique	Traces.	0.03	0.05	0.03
Perte par calcination . . .	4.80	6.60	14.00	9.56
Total	99.51	99.63	99.60	99.67

Soit, pour ces quatre échantillons, une moyenne de 55.21 0/0 de fer et 2.74 0/0 de manganèse.

peu près deux tonnes de minerai et une tonne de coke, répondant à 1600 kilog. de houille : on pourra, en se basant sur ces chiffres, étudier diverses combinaisons. La question est complexe, du reste, et son examen demandera beaucoup de soin.

Paris, décembre 1873

FIN.

IMPRIMERIE CENTRALE DES CHEMINS DE FER. — A. CHAIX ET Cⁱᵉ, RUE BERGÈRE, 20, A PARIS. 4516-4.

Situation
de la
SION DE BENI-AQUIL

a Province d'Alger

Échelle de 0.001p.⁰600ᵐ (unkno.)

Les noms soulignés de 2 traits indiquent
des garnisons militaires.

MER . MÉDITERRANÉE

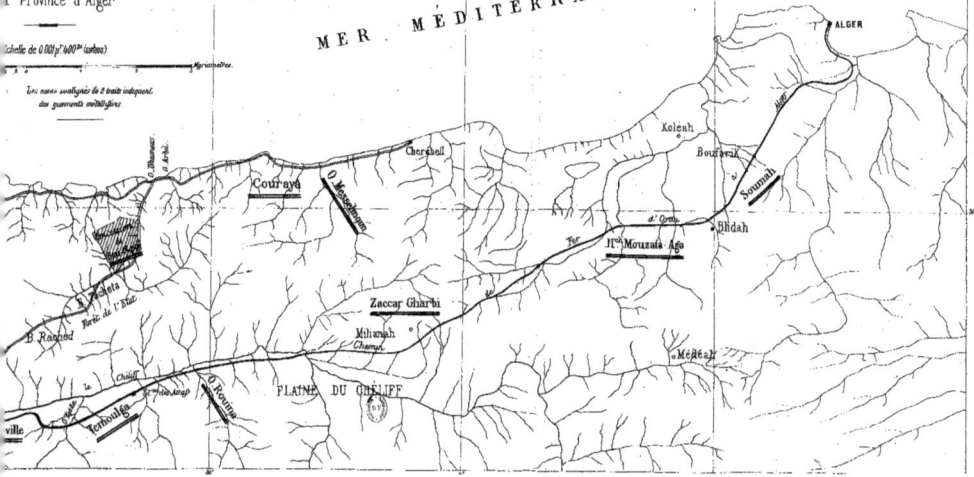

ALGER

Koléah

Boufarik

Soumah

Chercheld

Couraye

O. Messelmoun

Blidah

JⁱᵗMouzaïa-Ago

B. Leta

B. Rached

Zaccar Gharbi

Miliana
Chenyt

Méléah

PLAINE DU CHÉLIFF

ville

Tenboul

O. Rouina

MER MÉDITERRA

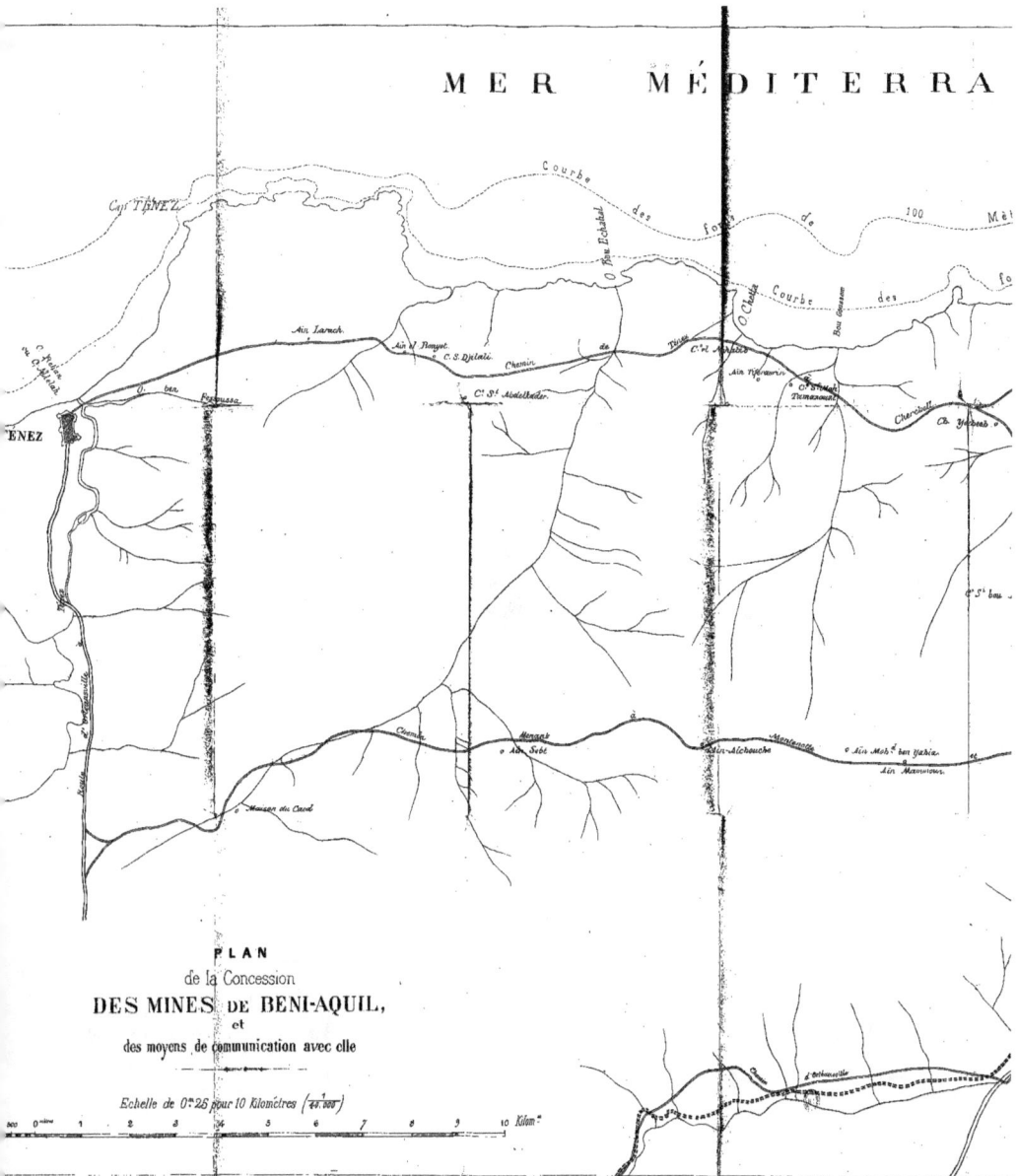

Cap TÉNEZ

Courbe des fonds de 100 Mèt

Courbe des fo

Ain Larneh

Ain el Bouyot
C. S. Djelali
Chemin
C. el Mahda
Ain Tifferaurin
C. S. Abdelkader
C. S. Mah
Tumazouat
Cherchell
Ch. Yebbeb

Ténez
O. ben Feroussa

C. S. bou

Chemin
Menaab
Montenotte
Ain Alchoucha
Ain Mob. ben Yahia
Ain Mannious
Ain Sebt

Maison du Caid

P L A N
de la Concession
DES MINES DE BENI-AQUIL,
et
des moyens de communication avec elle

Echelle de 0.^{m}25 pour 10 Kilomètres ($\frac{1}{40.000}$)

900 0^{mètre} 1   2   3   4   5   6   7   8   9   10 Kilom^s

DITERRANÉE

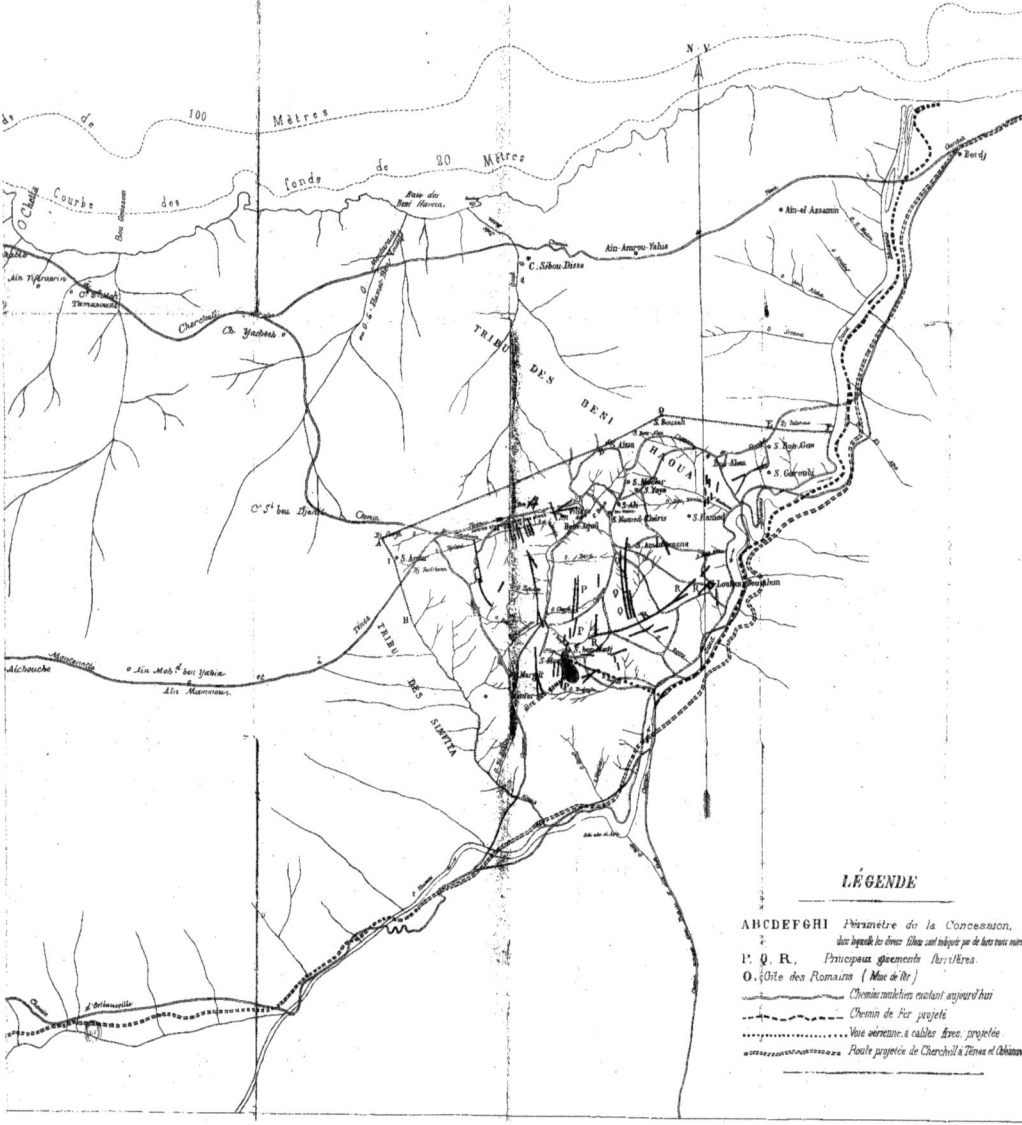

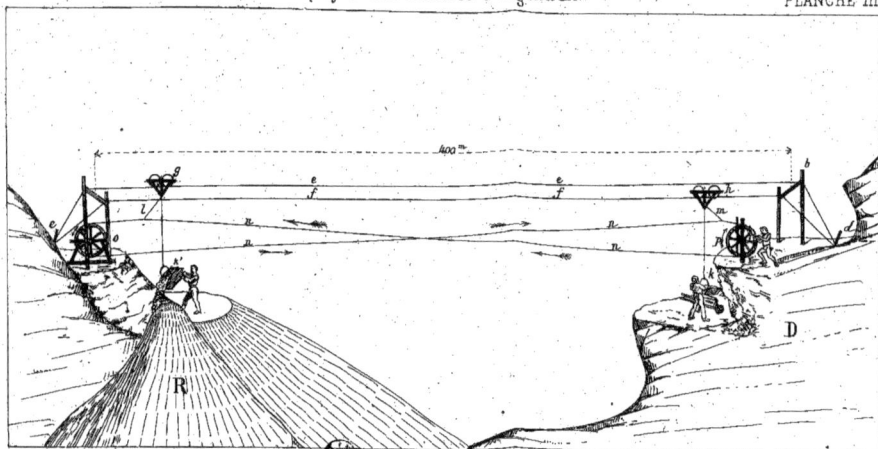

employée aux Carrières d'Argenteuil.

PLANCHE III.

LÉGENDE

D ᵉ Massifs de terre a de roches à déblayer,
R Remblai en formation,
a, b Bâtis en charpente,
e, f Cables en fil de fer, parallèles fixes, fortement tendus,
c, d Vérins pour la tension des cables,

g, h Chariots en fer,
k, k' Bennes mesurant 1 hectolitre,
o Grande poulie fixe,
p Roue à manivelle donnant le mouvement à la corde d'appel,
l, m Petites cordes fixant les Chariots à la corde d'appel.

Le croquis représente l'opération au moment où une benne vide k vient d'arriver en D, et une benne pleine k' en R, la corde d'appel étant alors animée d'un mouvement dont la direction est indiquée par les flèches.

En D un ouvrier reçoit la benne k sur une brouette qui la conduira plus tard à la fouille, et va la remplacer par une autre benne pleine k'' préparée à l'avance, que le dessin ne montre pas;

En R, un second ouvrier vide la benne k en la faisant basculer.

Lorsque la substitution et le déchargement seront terminés, l'ouvrier à la roue p, fera mouvoir la corde d'appel dans le sens opposé

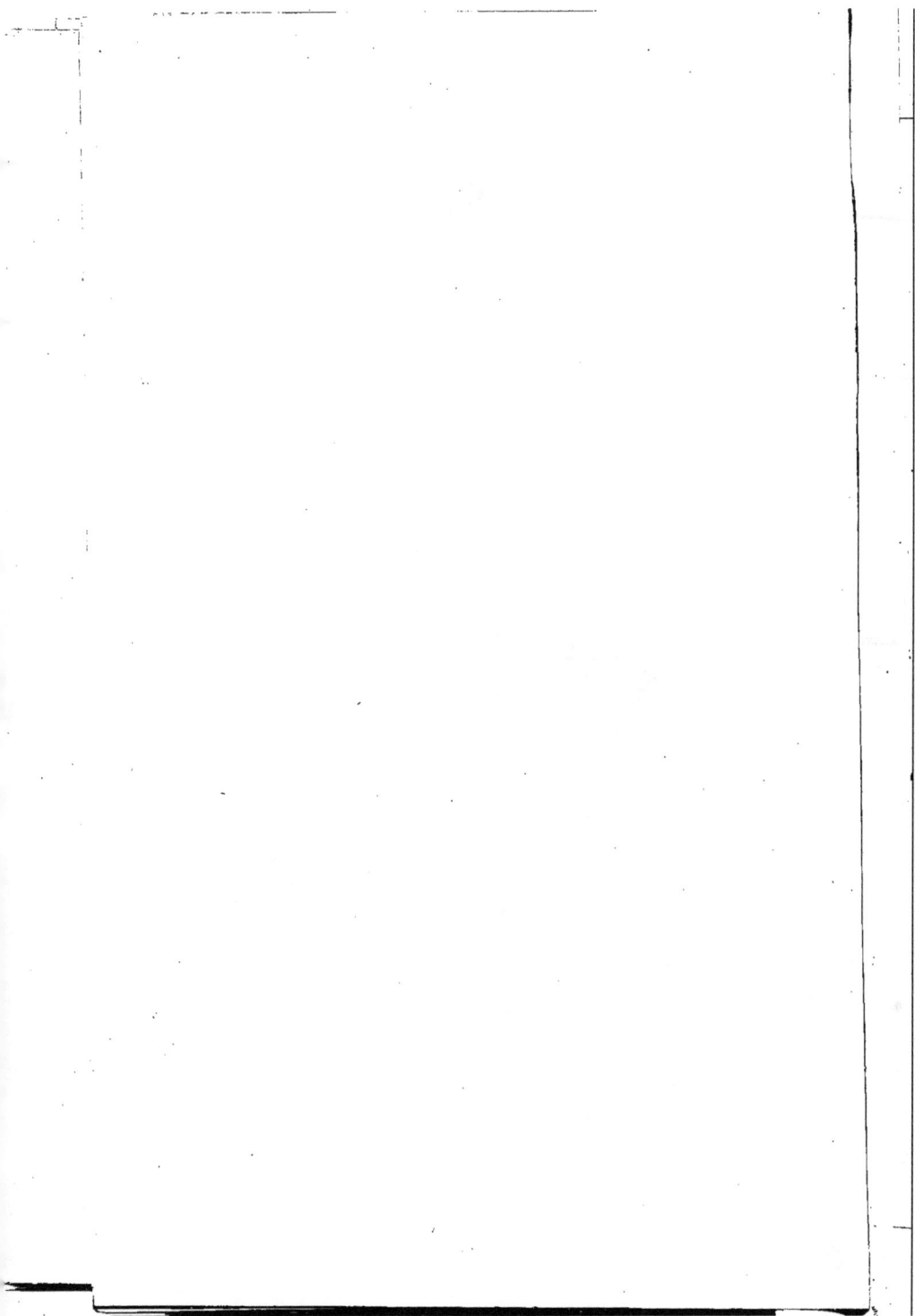

MER MÉDITERRANÉE

PLAN GÉNÉRAL
de la Plage de l'Oued-Dhamous.

LÉGENDE.

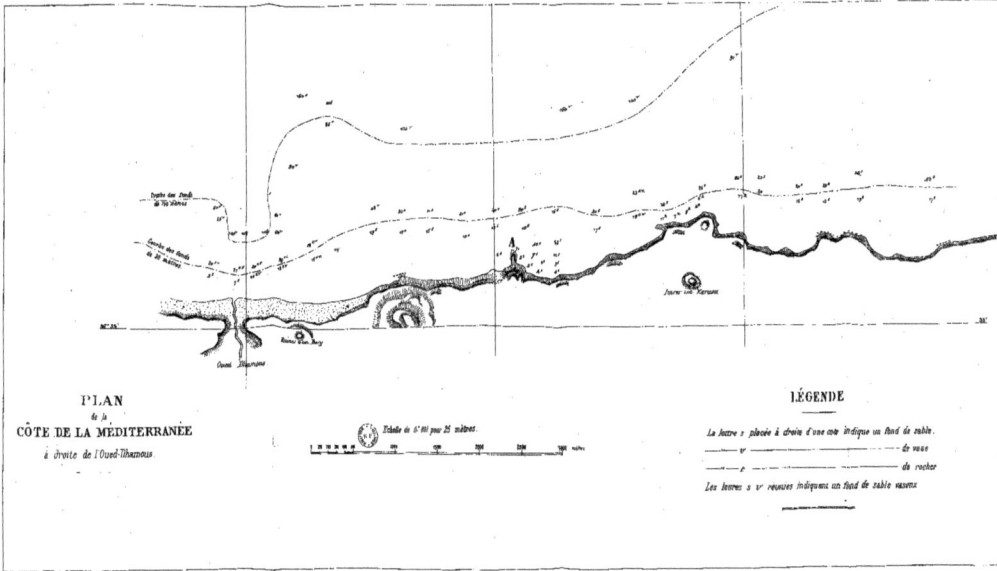

PLAN
de la
CÔTE DE LA MÉDITERRANÉE
à droite de l'Oued-Ilhamous

Échelle de 0^m,001 pour 25 mètres.

LÉGENDE

La lettre s placée à droite d'une cote indique un fond de sable.
v — de vase
r — de rocher
Les lettres s v réunies indiquent un fond de sable vaseux.

www.ingramcontent.com/pod-product-compliance
Lightning Source LLC
Chambersburg PA
CBHW071206200326
41519CB00018B/5385